KB056596

반려식물과 식물집사를 위한

친절한 식물상담서

일러두기

이책의 식물명은 유통명과 학명을 함께 표기하였습니다. 학명은 기본종을 기준으로 삼고 농촌진흥청과 국가표준 식물목록에 등록된 것을 우선으로 했습니다.

반려식물과 식물집사를 위한

친절한 식물상담서

2023년 4월 1일 초판 1쇄 발행

지은이 송현희
펴낸이 권이지
편 집 권이지·이정아

인 쇄 성광인쇄
펴낸곳 홀리데이북스
등 록 2014년 11월 20일 제2014-000092호
주 소 서울시 금천구 가산디지털1로 16 가산2차 SKV1AP타워 1415호

전 화 02-6223-2302
팩 스 02-6223-2303
E-mail editor@holidaybooks.co.kr

ISBN 979-11-91381-13-9 (13520)

반려식물과 식물집사를 위한

친절한 식물상담서

글·사진 송현희

HOLIDAYBOOKS

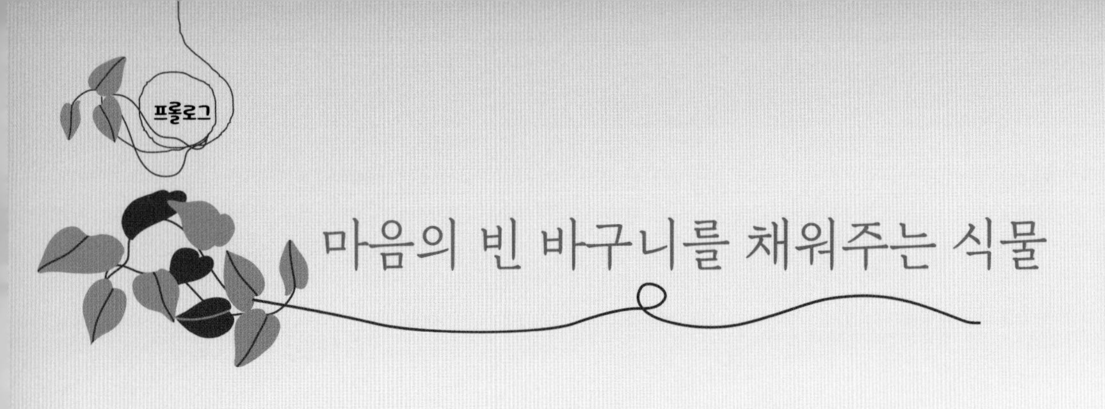

마음의 빈 바구니를 채워주는 식물

얼마전 친구가 SNS에 올린 짧은 게시글을 읽는데 맘이 짠했어요.
'눈을 뜨면 출근하고, 퇴근하면 내일 출근 걱정을 한다.
내 삶에 희망이 있는지 궁금하다.
금요일에는 엄마한테 가야지. 엄마가 좋아하는 제라늄 화분을 사서.'

저는 친구가 올린 이 게시글에 댓글을 썼다가 지우기를 반복했어요.
'율마를 키워봐! 바라보기만 해도 기분이 좋아질거야.'
'문그로우나 라인골드 같은 침엽수도 좋을 것 같아.'
'하루쯤 가까운 수목원이나 식물원을 다녀와. 바람과 새를 품은 숲이, 오롯이 너를 안아줄거야.'
결국은 아무말도 쓰지 못하고 그냥 나왔어요.
친구의 글은 많은 사람들이 비슷하게 느끼는 감정일 수도 있고, 때로 제가 느끼던 감정이기도 했어요. 그 글에서는 요즘을 살아가는 우리의 모습이 보였으니까요.
갑갑하다는 친구의 일상 속에 초록빛을 채워주고 싶었어요. 피곤을 어깨에 달고 퇴근 한 저녁, 밥을 먹고 베란다로 나가 그곳에서 새로운 에너지를 느끼게 하고 싶었어요. 하나하나, 식물의 이름을 부르며 물을 주는 그 순간은 분명 또다른 행복이 친구에게 전해질테니까요. 계절마다 식물이 전하는 꽃 향기가, 잔고가 바닥 난 친구의 마음통장을 차곡차곡 채울테니까요. 그로 인해 버거운 일상의 무게가 조금씩 가벼워질테니까요. 오래전 어느 날, 회색으로 가득찬 제 마음에 율마가 천천히 걸어와서 어두운 빛을 지우며 조금씩 초록으로 물들인 것처럼요. 그래서 제가 다시 일상의 희망을 되찾은 것처럼요.

나만의 정원을 꿈꾸게 될 때가 있어요. 그런데 현실은 생각하는 것과 다른 경우가 많아요. 집 공간마다 물건이 가득하고, 쉴 새 없이 배달되는 택배상자로 식물을 위한 자리가 부족할 때도 있어요. 하지만 별도의 정원이나 여유로운 공간이 없다고 해서 식물과 함께 할 수 없는 것은 아니에요. 내가 살고 있는 집의 상황에 맞게 식물을 들이면 돼요. 그늘을 만드는 큰 나무가 자랄 만큼 넓은 정원이 있지 않아도. 별도의 테라스가 있는 집에 살지 않아도, 작은 베란다나 책상 위, 사무실 창가면 됩니다.
저는 길을 걷다가도, 카페나 음식점 같은 곳에서 식물을 만나면 가까이 다가갑니다. 무슨 식물인지, 잘 지내고 있는지 바라봅니다. 만약, 화분이 작거나 물이 부족한 것 같으면 안쓰러워 발길이 쉽게 떨어지질 않아요. 반면 식물이 잘 관리되고 있으면 관심과 사랑을 주는 가드너에게 고마움을 느낍니다.
몇 년 전부터는 전국의 수목원과 식물원을 찾아다니고 있어요. 일이 바쁘지 않을 때는 수목원과 식물원을 다니며, 제가 몰랐던 식물의 생태나 야외 식물에서 새로움을 발견하기도 합니다. 그렇게 여전히 제 일상은 식물과 함께 하는 시간이 늘어나고, 관심과 사랑이 식물을 향합니다. 긴 시간을 식물과 함께 하는 사이에 직업에도 변화가 생겼어요. 책을 내고, 월간지의 식물 작가를 맡아서 글을 쓰고, 강의를 다니면서 저는 식물 곁에 바짝 붙어서 살고 있어요. 저도 모르는 사이 식물과 단짝이 되었어요.

가드닝 도서를 두 권 펴내고 지난 3년 간 백여 회에 가까운 강의를 했어요. 전국의 도서관과 백화점 아카데미 강의에서 만난 분들이 반복하는 질문과 그에 대한 답을 찾기 위한 고민의 시간도 늘어났어요. 그렇게 다양한 곳에서 강의를 하고 식물 키우기에 어려움을 겪는 분들을 만나면서 해결을 위한 식물공부에 대한 시간이 이렇게 다시 책을 펴낼 기회를 주었어요.

이 책에 그 시간을 담았습니다. 제가 식물을 향해 멈추지 않는 일방적인 짝사랑의 시간을 지나 단짝이 되기까지, 그 만남에 대해 꼼꼼하게 기록했습니다. 매일 식물 사진과 글을 통한 기록을 하면서 식물과 가까워지고 싶은 마음을 더 많은 분들과 함께 하고 싶어 이렇게 다시 글을 쓰고 있습니다.

책의 본문은 총 4개의 part로 구성되어 있어요. 'part 1. 식물이 하는 말에 귀를 기울여요'에서는 그동안 강의와 제 블로그에서 가장 많이 받은 질문 중에 비중이 높은 것으로 70여 가지 정도를 선별했어요. 그래서 식물에 대한 답답함과 여러 가지 궁금증이 해결될 수 있도록 상담의 형태로 실었습니다. 'part 2. 식물곁에 더 가까이'에서는 함께 사는 식물 70여 종의 상세한 특성과 관리방법을 담았어요. 함께 하는 식물을 잘 보살피고, 성장하는 모습을 보면서 그 과정이 즐거움이 될 수 있도록, 각각의 식물마다 어려워하는 부분에 대한 질문과 답도 함께 했습니다. 그래서 '잘못 관리한 내탓이야'라는 자책 대신 더 많은 분들이 식물과 단짝이 될 수 있기를 바라는 마음입니다. 'Part 3. 사계절이 매일매일 행복한 식물단짝', 'Part 4. 하루쯤, 우리 수목원과 식물원 여행'편에는 식물과 함께 하는 다양한 일상의 즐거움을 담았습니다.

많은 분들을 일일이 만날 수는 없지만 혼자 식물 키우기가 버거울 때 이 책이 작은 도움이 될 수 있기를, 때로 나와 같은 관심사의 누군가와 공감하는 시간을 책을 통해 느낄 수 있기를 바랍니다. 그래서 식물을 키우는 일, 소박한 정원을 가꾸는 일로 많은 분들의 일상이 더 행복하면 좋겠습니다.

이 책이 나오기까지 많은 분들의 응원과 격려가 있었어요. 네이버 블로그 '모나코의 초록향기' 이웃과 항상 저를 응원해주시는 분들, 고맙습니다. 제게 가장 특별한 분이신 하늘에 계신 할머니, 소중한 친구와 가족들, 학연문화사 권혁재 대표님과 홀리데이북스 권이지 대표님, 출판사 가족분들, 아직도 알고 배워야할 식물이 가득하지만 실내에서 혼자 가꾸는 정원으로 한계를 느낄 때, 언제 달려가도 반갑게 맞아주시는 야생화 사장님, 모두 고맙습니다.

2023년 봄

송 현 희

목차

BOROM
WAT

BOO!

Part 1

식물이 하는 말에 귀를 기울여요

저도 식물과 절친이 될 수 있을까요?
식물과 오래 함께 하는데 필요한 것이 무엇일까요?
그 궁금함을 조금이라도 풀 수 있으면,
그래서 더 이상 식물과의 만남이 어색하지 않으면 좋겠어요.

요즘 들어서 더 많은 사람들이 식물을 키우기 시작했어요. 주변의 여러 시설을 둘러봐도 식물이 많아지기 시작했고요. 어떤 점이 좋아서 식물을 키우는 걸까요?

현대인들은 자연을 접할 기회가 점점 줄어들고 컴퓨터와 스마트폰 등 기계와 함께하는 시간이 늘어나고 있어요. 편리함은 늘었지만 그와 더불어 고립의 시간까지 함께하고 있어요. 이로 인해 우리 정서의 균형이 깨지며 감성이 건조하게 변하는 경우가 있어요. 현대인들의 스트레스 지수가 연령대 구분 없이 높아지는 것에서 그런 현실을 알 수 있죠.

초록 식물이 우리 정서와 생활에 미치는 영향은 특별해요. 많은 사람들이 자연을 좋아하는 것에서도 알 수 있어요. 식물이 많은 산책로나 공원 등에 가면 본능적으로 우리 몸의 긴장이 조금은 풀어지고 편안해지는 것도 그런 이유예요. 주택난과 인구밀집 해소를 위해서 신도시를 만들어 아파트를 짓고, 고속도로를 만들어도 최대한 자연과 함께하기 위해 식물을 심고 가꿉니다. 요즘은 많은 기업 건물의 외벽은 물론 여러 다중이용시설에서 식물로 인테리어를 꾸미는 경우도 늘어나고 있어요. 좋은 인테리어 시공법과 멋진 예술품들이 있지만 식물이 우리에게 주는 감성은 좋은 영향을 미치기 때문이에요.

식물이 주변에 있으면 우리가 안정감을 느낄 수 있군요?

집안이나 일하는 공간 등에서 식물을 가꾸면 보는 눈이 즐거워지고 마음의 안정은 물론 공간을 더 생기 있게 만들 수 있어요. 홈가드닝을 하며 실내에 식물을 두면 실내외 공간이 부족한 도시 생활자, 1, 2인가구뿐만 아니라 많은 사람들의 삶이 조금 더 개선됩니다. 보고 가꾸는 즐거움은 물론 하루하루 좋은 에너지도 얻을 수 있습니다. 작은 화분 몇 개를 창가나 베란다에 놓고 물을 주며 관심을 갖는 것만으로도 식물들이 보여주는 변화에 작은 행복을 느낄 수 있습니다. 뿐만 아니라 바쁜 생활 속에서 크고 작은 스트레스를 받을 때 식물을 보면 심리적인 안정감을 줍니다. 실제로 심신의 건강회복을 위해 원예치료 방법이 이용되기도 해요. 즉, 원예활동을 하면 심리적, 신체적응 및 회복에 도움이 됩니다.

식물을 키우면 공기를 정화하는데 좋다는 말을 많이 들었어요. 실내 생활이 길어져서 식물을 들여볼까 하는데 정말 공기질에 효과가 있나요?

식물은 기본적으로 생명활동을 하면서 많은 산소를 내뿜어요. 그렇기 때문에 집에 다른 물건보다 식물이 많은 곳은 공기의 상쾌함이 더 높은 것을 알 수가 있어요. 시중에서는 '공기정화에 좋은 식물'이라는 타이틀을 달아서 판매하는 경우도 많은데요. 공기정화만을 목적으로 식물을 구입하는 것은 바람직하지 않아요. 넓은 실내 공기를 좋게 하기 위해서 식물을 들인다면 그 개수가 정말 많아야 하고 그 식물을 한공간에 모두 둘 수도 없기 때문이에요. 집 창가나 베란다에 식물이 많으면 그 집의 공기가 좋은 것은 맞지만 공기정화만을 목적으로 식물을 들여서 관리를 제대로하지 못하면 식물이 오래가지 못해요. 공기정화에 조금 더 탁월한 식물은 있지만 실내의 공기정화만을 위한 별도의 식물은 없어요.

항상 식물을 키워보고 싶은 마음은 커요. 하지만 관리를 못해서 금세 죽을까봐 걱정이 돼요. 식물을 키우기 전에 준비할 것이 있나요?

내가 있는 공간에 초록빛을 품은 식물 하나를 두겠다는 가벼운 마음으로 시작해보세요. 내가 들인 식물을 전부, 오랫동안 잘 키워야겠다는 생각은 때로 부담이 됩니다. 특히 기존에 화분 키우기에 실패한 경험이 한 번이라도 있다면 걱정이 될 수 있어요. 하지만 너무 걱정하지 마세요. 식물과 천천히 한걸음씩 가까워지면 되니까요. 처음에는 내가 식물을 키우려고 하는 장소가 어디인지 생각해보는 것이 좋아요. 햇빛이 좋은 곳인지, 베란다 혹은 옥상, 야외인지 장소를 이해하고 이곳에 맞는 적절한 크기 및 부담이 적은 가격대의 식물로 시작하면 됩니다. 처음부터 부피가 크거나 지나치게 높은 가격, 관리가 까다로운 식물보다 비교적 관리가 쉬운 식물을 들인 뒤, 그 식물이 어떤 환경을 좋아하는지, 분갈이와 물주기에 대한 지식을 배워보세요. 가드닝과 관련된 도서를 참고하거나 식물 키우기에 대한 경험을 제대로 알려주는 블로그나 유튜브, 그리고 꽃집 사장님께 도움을 구하면 차근차근 식물에 대해 알아갈 수 있어요.

홈가드닝이란 무엇인가요? 텃밭이나 농사와는 다른가요?

생활원예라고도 할 수 있는 홈가드닝은 집에서 정원을 꾸미고 돌보는 일을 말해요. 즉 화초와 채소를 심어서 가꾸는 원예활동의 많은 부분이 포함되어 있어요. 홈가드닝은 경제적 이익을 위해 전문적이고 대규모로 가꾸는 농장과 달리, 생활공간에서 시각적인 즐거움과 개인의 만족을 위함이에요. 주로 취미활동의 성격으로 볼 수 있지요. 반면 경제성이 높은 작물을

재배하는 경우라면 넓은 공간과 채소, 과수, 화훼 등의 부가가치가 높은 다양한 품목과 함께 노동력이 많이 필요해요. 이와 달리 홈가드닝은 공간의 제한도 거의 없다고 볼 수 있어요. 내가 일을 하는 공간, 또는 집의 베란다 혹은 창가, 상업공간의 자투리 공간 등을 이용해 좋아하는 식물을 자유롭게 가꿀 수 있는 것이 장점이에요.

어떤 식물로 홈가드닝을 하는게 좋을까요? 식물은 어디에서 구입하는지, 또 온라인이나 오프라인 중에 어디가 좋은지 궁금합니다.

식물을 키우는 사람이 늘어나면서 판매처도 다양해졌어요. 기존에는 방문으로 직접 보고 고르는 형태가 주를 이루었다면 지금은 여러 온라인 식물마켓과 해외직구, 프리마켓 등 선택의 폭이 넓어요. 이렇게 구입 경로와 선택의 폭이 다양해진 만큼 신중하게 살펴보고 구입해야 합니다. 온라인마켓의 경우 게시된 사진이 판매품인 경우도 있지만 대부분은 가장 상태가 좋은 대표사진 하나를 올린 후 판매상품은 사진과 다른 경우도 있어요. 눈으로 상태나 크기 등을 직접보고 고를 수 없는 온라인의 경우 그 부분을 고려합니다. 그렇지 않은 경우 반품이나 교환 등 비용이 발생하거나, 식물 특성상 교환이 어려울 수도 있어요.

해외직구로 구입할 경우는 더 신중해야 합니다. 국내 검역 통과시 기간이나 방법 등 살아있는 식물의 수입인 경우 별도의 과정이 있기 때문이에요. 식물초보라면 가능한 국내에서 구입이 가능한 식물을 우선으로 키우며 경험을 쌓는 것도 좋아요. 여건이 된다면 집 근처의 꽃집이나 농장, 화훼단지를 직접 방문해서 구입하는 것을 추천합니다. 특히 큰 규모의 화훼단지는 많은 꽃집들이 모여 있는 곳이라서 관엽, 관실, 분재, 꽃식물 등 다양한 종류를 볼 수 있는 장점이 있어요. 뿐만 아니라 여러 지역의 전문재배 농장에서 나온 식물이 집중되는 경우가 많아서 건강한 식물을 크기, 가격대별로 비교할 수 있는 장점도 있어요.

지인을 따라서 화훼단지를 구경했는데, 처음 보는 식물 종류가 많아서 놀랐어요. 새로운 식물을 들이고 싶은데 어떤 종류를 들여야 할지 고민이에요.

요즘은 수입 식물도 점점 늘어나고 있어요. 또 화훼농가의 품종 개량도 다양하게 이루어지고 있어서 기존에 있던 식물은 물론, 이색적인 식물도 많아요. 특히 SNS를 보면, 그동안 보지 못했던 식물들이 멋지게 생활공간에서 함께하고 있어 따라 해보고 싶은 마음이 생기기도 하지요. 그렇지만 멋진 사진 한두 장만 보고 다른 고려 없이 식물을 들인다면 식물이 우리집 환경과 잘 맞지 않을 수도 있고, 관리방법을 잘 몰라 실패할 수도 있어요. 그렇기 때문에 새로운 식물을 들인다면 꼭 몇 가지를 고려해야 합니다.

우선 식물과 함께 할 공간의 특성을 파악하는 것이 중요해요. 시중에 유통되는 모든 식물들은 저마다 특성이 다르고 관리 방법의 차이도 큽니다. 그러므로 우리 집 또는 식물을 들일 공간이 어떤 곳인지를 알고 그에 맞게 식물 종류를 선택해야 합니다. 공간 특성을 고려하지 않고 무턱대고 식물을 들이면 환경에 따라서 식물이 오래가지 못할 수 있어요. 그렇기 때문에 식물을 키울 장소를 선택한 후 그에 맞게 식물을 들여 보세요. 그때 유행하는 식물이나 희귀한 식물만을 고집하기 보다는 키울 수 있는 환경에 맞는 식물을 들여 차근차근 알아가며 함께 하세요.

건강하고 오래 키울 수 있는 좋은 식물을 고르는 요령이 있을까요?

우선 가지와 잎 등에 손상은 없는지 살펴봅니다. 화분 아래쪽 바닥으로 뿌리가 살짝 나온 것을 선택해요. 식물 자체가 건강한 것도 중요하고, 뿌리가 잘 내린 것을 골라야 합니다. 율마나 블루아이스 등 침엽수를 구입한다면 뿌리에서 가까운 아래쪽 잔가지의 손상이나 꺾임이 적을 것을 선택해요. 봄과 가을 등 꽃이 핀 식물을 구입한다면 꽃이 너무 활짝 핀 것보다는 꽃봉오리는 다 피지 않고, 건강하게 많이 달린 것을 선택해요. 꽃이 너무 많이 핀 것은 시드는 일만 남았으므로 꽃봉오리가 건강한 것을 구입해야 오래 꽃을 볼 수 있기 때문이에요. 구근식물과 괴근식물처럼 뿌리 위주로 판매되는 제품을 구입할 때는 벌레 먹은 부분이나 무른 부분, 썩은 부분은 없는지 형태를 잘 살펴봅니다.

집으로 데려온 식물을 어떻게 키워야할지 막막하기만 해요. 가드닝 도서나 온라인 카페, 블로그, SNS에 있는 정보가 다르기도 하고요.

요즘은 다양한 정보를 손쉽게 얻을 수 있어요. 예전에는 가드닝 도서나 꽃집을 통해서 정보를 얻었다면, 요즘은 카페나 블로그, 유튜브, 인스타그램 등 정말 많은 곳에서 정보를 얻을 수 있죠. 정확한 정보를 제공하기도 하지만, 잘못된 정보가 널리 퍼져 지속적으로 게시되는 경우도 있어요. 온라인으로만 검색하고 한 가지 정보에만 의지하는 것보다 다양하고 제대로 된 정보를 찾아내는 지혜도 필요합니다.

예를 들어 온라인에서 '율마 키우기'를 검색하면 많은 사람들이 올린 게시물과 영상을 볼 수 있습니다. 제목이나 글 내용을 보는 것도 중요하지만 정보를 올린 곳, 작성자의 신뢰도를 살펴볼 필요가 있어요. 한두 계절만 키워보고 글을 올린 경우도 있고, 다른 곳에서 얻은 잘못된 정보를 고스란히 올리는 경우도 있어요. 게시한 사람이나 사이트가 식물에 대한 올바른 지식, 믿을만한 정보를 갖고 키우는 곳인지 파악하고 참고할지 여부를 결정하는 것이 좋습니다. 좋은 가드닝 도서와 믿을만한 온라인 사이트, 식물을 직접 관리하고 키우는 농장 등에서 얻은 정보를 맞춰가며 활용하면 더 좋겠죠.

나와 맞는 식물, 우리집에 적합한 식물은 어떻게 알 수가 있나요? 온라인에서 보면 멋진 식물이 정말 많던데 제가 잘 키울 수 있을까요?

이벤트성으로 잠시 놓을 식물이 아니라면 우리집 공간의 특성이 식물 선택에 중요한 영향을 미칩니다. 해가 잘 들고 통풍이 좋은 넓은 베란다가 있는 경우, 반면 식물에게 별도로 줄 넓은 공간은 없지만 창가가 많아서 식물을 올려놓을 수 있는 경우 등 구조나 특성 등을 고려합니다. 그래야 그곳에 맞는 식물을 선택할 수가 있어요. 집에 머무는 시간이나 가족 구성원도 고려해서 식물을 들인다면 오랫동안 즐겁게 함께 할 수 있어요. 반면 공간의 특성을 고려하지 않고 단순히 마음에 드는 식물, 특히 고가의 식물을 환경의 고려 없이 들이면 오래 함께하지 못 할 수도 있어요. 환경이 좋은 베란다나 야외 정원이 별도로 있고, 집에 거주하는 시간이 많은 경우라면 식물 선택의 폭이 넓어요. 반면 빛이 적게 들고 공간의 여유도 적다면 수경식물이나 빛이 적어도 큰 영향없이 자라는 식물을 선택해요. 또 직업적인 원인으로 야근이나 출장 등 집을 자주 비운다면 물을 많이 주는 식물보다는 물관리가 조금 수월한 식물을 선택합니다. 특히 판매처에서 키우기 쉽다고 말하는 등의 광고에 속지 마세요.

다양한 식물을 키우다 보면 해외에서 온 식물들이 많아요. 이런 식물들을 잘 키울 수 있는 방법이 있을까요?

식물의 고향인 원산지를 아는 것은 그 식물의 기본 성질을 이해하는 첫걸음이에요. 식물이 잘 자라는 환경과 조건을 이해하는 데 도움이 되기 때문이에요. 원산지는 식물을 구입할 때 라벨에 있거나 온라인 등의 검색으로 어렵지 않게 알 수 있어요. 높은 온도가 지속적으로 유지되는 곳이 원산지인 열대식물은 추운 겨울철 관리에 신경을 써주세요. 잎을 주로 보는 식물이라면 기온이 많이 내려가는 겨울철에 냉해를 입지 않도록 합니다. 덩어리 뿌리를 갖고 있는 괴근식물이라면 겨우내 휴면기를 갖는 종류가 많으므로 그 시기에는 물주기를 줄이고 괴근이 얼거나 물러지지 않도록 관리해주세요.

열대우림기후 지역은 일 년 내내 고온다습한 날씨예요. 24~30도의 기온에 90% 전후의 높은 습도가 유지되는 곳으로 아프리카, 브라질, 인도네시아, 필리핀 등이에요. 이곳이 원산지인 식물로는 필로덴드론, 몬스테라, 고무나무 등이 있어요. 강한 햇빛보다는 반그늘 정도의 장소가 좋아요. 열대산림기후 지역은 비와 안개가 많고 큰 나무가 울창해서 햇빛이 차단되는 효과로 서늘한 곳이 많아요. 에콰도르, 뉴기니, 수마트라, 베네수엘라 등이 속하는데 이곳 산림 지역은 양치시물 종류가 많이 자라요. 이곳이 원산지인 다양한 양치식물은 시원한 곳, 습도가 좋으며, 반그늘의 장소가 좋아요.

건조한 기후에서 자라는 식물은 어떻게 키워야 할까요?

사바나기후 지역은 적도에서 멀어 강수량이 적어요, 1년 중 특정 시기에만 집중적으로 비가 내리고 기온이 높은 것이 특징이에요. 이곳 식물들은 오랜 건기에 살아남는 생존방식에 적응되어 있어요. 아르헨티나, 오스트레일리아, 브라질, 콜롬비아, 중앙아시아 등 이곳이 원산지인 화초는 아마릴리스, 포인세티아, 야자 등이에요. 과습을 조심하고 물은 조금씩 주는 것이 좋아요. 사막기후지역은 사바나 지역보다 강수량은 더 적고 밤과 낮의 일교차가 심해요. 해가 강한 낮은 무덥고 밤이면 추울 정도로 기온이 내려가요. 이곳에서는 일반적인 식물의 생존은 쉽지가 않아요. 인도, 마다가스카르, 북아프리카와 남아프리카, 미국남부, 남아메리카 남단 등이 이곳에 속해요. 이곳이 원산지인 알로에, 꽃기린, 파키포디움, 리톱스 등의 여러 가지 다육식물이 있어요. 지중해서 기후는 여름은 무덥고 겨울은 비가 많이 내리지만 얼음이 얼지는 않아요. 그래서 냉해에 유의해야 합니다.

해외에서 판매하는 식물도 개인이 자유롭게 구입해 들여올 수 있나요? 여행을 다녀오면서 만난 식물을 들여오고 싶어요.

간단히 말씀드리면 여행지에서 식물을 사서 갖고 오는건 어려워요. 일반적인 공산품과 달리 살아있는 동.식물의 경우는 개인이 자유롭게 국내로 들여올 수가 없어요. 식물의 경우 병해충의 국내 유입을 방지하기 위해 검역을 실시해요. 검역은 국내에 도착하면 공항, 항만, 우체국에서 입국심사와 함께 세관에서 신고서와 함께 실시해요. 여행 시 휴대한 식물을 신고하지 않으면 높은 금액의 과태료가 부과될 수 있어요. 종자와 묘목, 구근 등 재식용식물은 식물검역증명서를 제출하면 됩니다. 하지만 과실수 같은 과수 묘목, 접수, 삽수, 관실수 등 흙이 뿌리에 함께 있는 식물은 반입이 금지되거나 엄격하게 제한됩니다. 해외사이트를 통해 개인이 구입하거나 여행 시에 식물 구입은 신중하게 선택해야 합니다. 국내에 유통되는 수입식물은 철저하게 절차를 지키고 허가를 받고 들어오고 있습니다. 그래서 비용이나 식물 상태 등이 차이가 있지요. 참고) 농림축산검역본부 홈페이지 http://www.qia.go.kr

식물 중에 독성이 있는 것들도 있다던데 무엇을 주의해야 할까요?

식물에 있는 독성은 '렉틴'(lecthin)이라고 불리기도 해요. 렉틴은 대부분의 식물의 씨앗, 껍질, 잎 등에 아주 조금씩은 들어가 있는 것으로 알려져 있어요. 식물의 독은 자기방어를 위해 만들어낸 일종의 화학물이에요. 식물에 있는 독은 우리 장에 침투해 장누수증후군을 일으키기도 해요. 가드닝 식물로 독이 있는 종류는 아이비, 몬스테라, 벤자민, 협죽도, 디켄바키아, 백합, 투구꽃 등이에요. 아이비나 몬스테라, 백합 등은 일반 가정에서 많이 키우는 식물인데 일부러 잎이나 줄기를 따서 복용하는 것이 아니라면 크게 문제를 일으키지 않아서 많이 키우는 식물이에요. 대부분의 영유아나 반려동물이 식물을 일부러 뜯어 섭취하는 경우는 흔치 않아요. 고양이나 강아지의 경우도 자신에게 해가 되는 식물은 냄새 등 본능적으로 아는 경우도 많아요. 하지만 인지장애가 있는 가족이 있다면 독성 식물에 주의를 기울여 주세요.

어린이나 인지장애가 있는 가족, 반려동물 등이 있는 경우 선택을 고려해야 할 필요가 있겠군요.

협죽도는 청산가리보다 훨씬 강한 독성을 갖고 있어요. 옛날에는 독화살이나 사약을 만드는 데 사용하기도 했죠. 아직도 제주도나 공원 등에서 많이 볼 수 있는 협죽도는 높이가 1~3m 정도로 대나무와 비슷한 광택이 나고 더위가 시작되면 흰색, 분홍 등의 꽃을 피워요. 다른 식물과 차이가 없어 보이지만 한 장의 잎을 섭취하는 것만으로도 심각한 상황이 일어나요. 협죽도를 일반 가정에서 키우는 경우는 드물지만 집 마당에 식재하거나 또 협죽도가 식재된 정원을 이용하는 경우라면 주의가 필요해요.

또 수채화 같은 잎무늬를 가진 관엽식물인 디펜바키아도 유독성분이 강한 옥산칼슘을 함유하고 있어요. 입술과 혀에 닿는 것만으로도 호흡곤란을 비롯한 심각한 상황이 생길 수 있죠. 강한 독성을 지닌 투구꽃은 주로 깊은 산골짜기에 사는 여러해살이식물이에요. 보랏빛 꽃은 아름답지만 초오(草烏)라고 불리는 뿌리는 약으로 쓰이기도 하지만 치명적인 독성을 갖고 있어요. 이렇게 독성이 많은 식물이 아이들이나 반려동물 등 집안 가족에게 혹시 해를 미칠까 걱정된다면 고려해서 선택하면 좋습니다.

습생식물과 수경식물, 수생식물은 같은 식물이 아닌가요? 다르다면 차이점이나 구분 방법이 있나요?

물에서 자란다는 특성으로 인해 모두 같은 식물로 생각할 수 있지만 차이가 있어요.

습생식물은 식물의 전체나 일부가 물 속에서 자라는 수중식물과 달리 수분공급이 충분한 땅에 적응이 된 육상식물로 주로 습한 연못이나 늪 주위, 습원 등에서 자라요. 뿌리 활동이 활발하지 않아서 뿌리가 적지만 뿌리에 통기조직이 발달되어 있어요. 또 잎과 줄기에 수분을 많이 저장하고 있으며 증산작용으로 수분을 외부로 배출하는 작용을 많이 해요. 파피루스가 대표적인 습생식물이에요.

수경식물은 물 속에 뿌리를 잠기게 해서 그 줄기와 잎의 형태를 유지하면서 키우는 식물을 일컬어요. 대표적인 원예용 수경식물로 개운죽이 있어요. 이외에도 행운목, 아이비, 스킨답서스 등 당양한 식물의 줄기 일부를 잘라서 물을 담은 용기에서 수경으로 키우며 감상할 수 있어요. 흙에 뿌리를 내리며 사는 식물 중에서 줄기 등의 일부를 잘라서 키우는 많은 식물을 수경식물로 불러요..

수생식물은 습기가 많은 강가나 습지, 연못 등에서 자라는 식물을 통틀어서 부르는 말이에요. 뿌리가 수중의 토양에 뻗어 있고 잎자루와 통기조직이 발달해서 생장에 필요한 여러 활동을 해요. 대개의 잎은 물 위에 뜨는 특성이 있어요. 연꽃, 수련, 가시연, 개구리밥, 물양귀비, 물상추, 부레옥잠 등 다양한 종류가 있어요.

물의 깊이에 따라서 사는 방식이 다른데 물에 떠서 자라는 경우 '부유식물', 물 밑의 흙에 뿌리를 내리고 잎은 물 표면에 띄우고 사는 식물을 '부엽식물', 물 속 흙에 뿌리는 내리고 잎과 줄기를 밖으로 내고 자라는 '정수식물', 식물 전체가 물에 잠겨 있는 종류를 '침수식물'로 분류해요.

물에서 자라는 식물이니 실내외 구분 없이 물이 있는 곳에서는 항상 키울 수 있는 것 아닌가요?

수경식물과 수생색물은 물에서 자라는 식물이라는 특징이 있지만 수생식물은 물이 있는 곳과 해와 통풍이 좋은 야외 공간에 잘 자라는 식물입니다. 즉 수생식물이 물을 좋아한다고 해서 모든 수생식물을 용기에 담아서 실내에서 키우는 수경식물로 적당한 것은 아니에요. 수련, 연꽃, 부레옥잠이나 물배추 등은 수생식물이면서 수경식물이지만 키울 수 있는 공간의 제약이 있어요. 즉 야외에서 직접광을 많이 받아야 건강하게 자라며 꽃도 볼 수 있어요. 실내에서 관리하면 건강함이 오래가지 못하고, 광합성의 부족으로 녹아내리는듯 한 현상이 나타나기도 합니다. 초여름이면 화훼단지나 꽃집에서 물배추와 수련, 부레옥잠 등을 많이 볼 수 있지만 실내가 아닌, 물이 있는 실외 정원에서 햇빛을 아주 많이 받는 곳에서 키워야 건강하게 볼 수가 있어요.

다양한 종류의 식물을 한 장소에서 키워도 괜찮을까요?

식물 종류에 따라서 관리 장소도 달라야 해요. 식물은 잎을 보는 관엽식물, 열매를 보는 관실식물, 잎이 날카로운 침엽수, 허브, 선인장과 다육식물, 흙 없이 자라는 공중식물, 계절적 특성을 띠며 꽃을 피우는 구근식물과 더운 지역에서 온 괴근식물, 수경식물 등 기본적으로 특성이 달라요. 하지만 이런 기본적인 구분이 없이 동일한 장소에서 같은 방법으로 키운다면 실패할 수 있어요. 예를 들어서 연필선인장과 허브에 속하는 작은 포트의 로즈마리를 들였다면, 선인장은 밝은 빛이 드는 곳에 두고 2~3개월에 한 번 정도 적은 양의 물을 주며 관리하고, 로즈마리는 기존 화분의 2배 이상의 큰 화분에 분갈이를 하고 햇빛과 바람이 아주 좋은 곳에 두고 물이 부족하지 않게 관리해야 해요. 구입한 식물의 특성이 각기 다르므로 그 부분을 이해한 후 함께 한다면 오랫동안 식물과 함께하는 즐거움을 느낄 수 있어요. 식물에 대한 이해와 공부가 짧은 시간에 쉽게 이루어지는 것은 아니지만 먼저 식물의 특성이 다르다는 것을 알고, 키우는 종류에 따라서 올바른 정보를 바탕으로 차근차근 관리해보세요.

제가 일을 하고 있는 사무실과 거주지인 원룸은 식물을 키울 수 있는 공간이 부족해요. 좁은 곳에서도 식물과 함께 할 수 있는 방법은 없을까요?

바닥면에 놓는 식물보다 걸어서 키울 수 있는 행잉식물을 추천해요. 행잉식물은 테이블이나 바닥에 놓는 식물이 아닌 공중에 매달거나 벽에 걸어서 키우는 식물의 통칭이에요. 좁은 공간에서도 색다른 느낌을 낼 수 있으며 실내 인테리어 효과도 높아요. 다양한 에어플랜트와 립살리스 폭스테일, 피쉬본, 수태볼로 식물을 감싸 화분 역할을 하는 코케다마 등의 종류가 행잉식물에 속해요. 다만 바닥에 물이 닿으면 곤란한 공간이라면 일일이 다른 곳으로 옮겨서 물을 줘야 하는 번거로움이 있어요. 물주는 때를 놓쳐서 건조로 인한 손상이 오지 않도록 주의해주세요. 테이블 등에 올려 놓는 개운죽과 행운목을 수경으로 키우는 것도 추천할 수 있어요.

제가 식물을 키울 수 있는 곳은 베란다(발코니)예요. 베란다에서는 계절이 바뀔 때마다 식물에게 어떤 관리를 해줘야 하나요? 계절마다 무엇을 신경써야 하는지 궁금해요.

사계절이 뚜렷한 곳에서는 실내로 분류할 수 있는 베란다는 야외보다는 온도 차이가 심하지 않지만 식물도 계절의 변화를 느껴요. 혼자 이동하거나 표현을 할 수 없는 식물은 더 민감하고 빠르게 계절을 느끼고 그에 따른 준비를 합니다. 우선 키우

고 있는 식물의 종류를 파악합니다. 다양한 종류의 식물을 키우고 있다면 그에 따른 준비를 해요.
봄이 오면, 구근식물과 괴근식물은 잠에서 깨어날 준비를 하고 있으므로 관심 있게 살펴보며 물관리를 합니다. 여름이 되면 구근식물은 휴면을 준비하므로 물주기를 줄이고 시원한 곳에 보관하거나 알뿌리를 캐서 냉장 보관합니다. 율마나 잎이 빽빽하게 자라는 침엽수를 키운다면 여름 더위로 인해 상하지 않도록 통풍이 잘 되게 속과 아랫가지를 가지치기 합니다. 이 외에도 봄에 새잎이 무성하게 난 남천이나 여러 관엽식물을 가지치기하면 건강한 여름을 날 수 있어요.
더위가 끝나는 가을부터 부지런히 움직이는 식물 중에 하나가 바로 시클라멘이에요. 시클라멘은 흙을 살펴보고 소량으로 물을 부어주며 관찰합니다. 겨울이 오면 잠을 자는 식물도 있지만 반대로 일찍부터 봄을 준비하는 식물도 있어요.

어떤 식물들이 특히 일찍부터 봄을 준비하나요? 무엇을 해야 할까요?

다년생 초본류들을 키우고 있다면 미리 그 종류를 파악하고 물을 주는 시기를 찾아야 해요. 비비추나 줄무릇의 경우 초겨울이 지나면 화분을 자주 살펴봐야 합니다. 흙 속의 뿌리가 깨어날 준비를 하고 있거든요. 휴면을 하며 겨울을 나고 있지만 1월부터는 화분을 유심히 관찰하며 봄을 대비해서 물관리를 시작합니다. 아직 활동을 하지 않은 상태라 물을 너무 많이 주면 뿌리가 썩을 수 있으므로, 맑은 날을 선택해 일주일에 1~2회 정도 물을 조금씩 주면 됩니다. 열매가 달린 황칠나무는 수확을 하지 않고 두는 경우 봄이 되면 열매가 떨어지면서 새잎이 많이 나는 때예요. 이때 떨어진 씨앗은 채종해서 물에 불린 후 파종을 하거나 이웃 등에게 나눠주기 좋아요. 또 황칠나무 같은 목본류는 성장 속도에 따라서 화분이 작은 것은 아닌지 살펴보고 복토나 분갈이를 합니다. 꽃봉오리가 생긴 구근식물의 경우 햇빛의 양과 온도 등을 체크하면서 물관리에 신경을 씁니다.
이처럼 계절에 따라서 식물에 맞는 가지치기와 분갈이, 복토, 물주기 등의 관리를 하면 더 건강해진 식물과 함께 사계절을 보낼 수 있습니다.

옥상에서도 식물을 잘 키울 수 있을까요? 집 옥상을 가드닝 공간으로 활용할 수 있는 효과적인 방법이 있나요?

건물의 옥상은 장점과 단점을 함께 갖고 있는 공간이라고 할 수 있어요. 해를 직접적으로 많이 받을 수 있고, 통풍이 잘 되는 장점이 있어요. 반면 한겨울이나 한여름은 그로 인한 단점이 나타납니다. 겨울바람과 눈비를 고스란히 받아야하기 때문이에요. 하지만 주거하는 공간에서 가까운 옥상은 야외 공간이라는 장점을 최대한 살려서 식물을 키운다면 아주 좋은 가드닝과 휴식의 공간이 됩니다.
우선 옥상에 수도시설이 있는지를 확인해 주세요. 대부분의 옥상에 배수시설은 기본적으로 있지만 수도시설이 없는 경우가 있어요. 만약 수도가 없다면 그 부분을 고려해서 내가 위치한 층에서 물을 얼마나 쉽게 공급할 수 있는지 등을 파악한 후 식물을 들입니다.
반면 수도시설이 있는 곳이라면 중요한 한 가지가 해결되었으므로 바람이나 옥상의 난간 높이 등을 고려해서 식물을 선택하면 됩니다. 한여름 햇빛은 옥상 식물에게 해를 입히지 않지만 화분의 흙이 너무 빨리 말라서 식물을 타들어가게 할 수도 있어요. 물탱크나 작은 구조물 등이 있다면 여름철 한낮 해를 피할 수 있는 벽 쪽으로 식물을 놓고 키우면 좋아요.
개인의 소유권이 별도로 없는 다세대 주택과 달리 단일세대, 즉 우리집 옥상을 가드닝 공간으로 꾸미고 싶다면 시간을 두고 차근차근 준비하는 게 좋아요. 수도시설이 없다면 수도를, 수도시설을 만들 수 없다면 별도의 큰 물통을 마련해 빗물이나 미리 물을 저장해서 사용하는 것도 좋아요. 또 남쪽 지역인지 중부지방 이상의 지역인지 등 겨울철 최저온도를 고려해서 식물 선택을 해야 어려움을 겪지 않아요. 이처럼 옥상을 활용할 수 있다면 미리 계획을 세워 나만의 정원을 꾸며보세요.

단독주택 야외에 작은 규모의 마당이 있어요. 하지만 시멘트로 덮여 있고 다른 건물과 가까워 해가 적어요. 이곳에서 효과적으로 식물을 키울 수 있는 좋은 방법은 무엇일까요?

야외는 그 자체만으로도 식물을 키우는 가드너에게 아주 특별해요. 한겨울을 제외하면 식물들이 가장 이상적으로 지낼 수 있는 곳이기 때문이에요. 흙이 아닌 시멘트 바닥이라면 식물을 화분에 식재해서 배치하면 됩니다. 사계절 그곳에서 지낼 수 있는 나무 식물의 비율과 다년생 초본류, 수생식물, 꽃식물 등 적절히 활용하면 공간을 더 아름답게 즐길 수가 있어요. 다만 겨울철에도 모두 실내로 들여야 하는 종류의 식물로만 채운다면 한겨울은 생활공간과 식물이 뒤섞여 감당이 어려울 수도 있어요. 월동이 가능한 식물과 불가능한 식물의 비율, 식물의 크기 등을 고려해주세요. 그 비율이 적절하게 이루어져 식물을 배치되면, 좁은 공간이라도 특별한 가드닝 장소로 충분합니다.

식물을 구입하거나 키우는 방법을 검색하면 낯선 용어가 많이 나와요. 알아두면 좋은 가드닝 용어를 알려주세요.

맞아요. 분갈이나 물주기 등의 용어만 알았는데 판매처나 온라인 등을 보면 낯선 단어들이 등장할 때가 있어요. 용어를 몰라도 식물을 잘 키우는데 큰 지장이 없지만 지속적으로 식물을 키울 계획이라면 알아두면 도움이 됩니다. 아래 미니 사전을 참고해보세요.

가드닝 용어 미니사전

- **겉씨식물** : 밑씨가 씨방 안에 있지 않고 겉으로 드러나 있는 식물을 말해요. 바늘잎나무가 대부분이에요.
- **속씨식물** : 꽃이 피고 열매를 맺는 씨식물 중에서 씨방 안에 밑씨가 들어 있는 식물을 말해요. 식물 중에서 가장 진화한 무리로 전체 식물의 80%를 차지하며 쌍떡잎식물과 외떡잎식물로 나뉘어요.
- **암수딴그루** : 암꽃이 달리는 암그루와 수꽃이 달리는 수그루가 다른 식물을 말해요
- **암수한그루** : 암꽃과 수꽃이 한 그루에 따로 달리는 식물을 일컬어요. 씨식물의 많은 종이 암수한그루에 해당합니다.
- **왜성종(矮性種)** : 그 종의 표준에 비해서 키가 작게 자라는 특성을 가진 식물을 말해요. 상대적으로 키가 큰 품종을 고성종(高性種)이라고 해요. 근래에는 화단과 홈가드닝용으로 많은 왜성종이 나오고 있어요.
- **광합성(光合成)** : 식물이 빛을 이용해서 양분을 스스로 만드는 과정으로 물과 이산화탄소를 재료로 포도당과 산소를 생성하고 성장과 생존에 사용합니다.
- **목질화** : 여린 줄기로 자란 식물이 시간이 지나며 성장과 함께 표면이 단단해지는 현상을 말해요. 리그닌이 생성되어 나타나서 리그닌화라고도 합니다.
- **수형** : 나무의 뿌리, 줄기, 잎 등이 어우러져서 만들어내는 전체적인 모양으로 식물 종류마다 기본적인 고유의 모양은 유전이 되지만 가지치기 등 관리와 환경에 따라 달라지기도 합니다.
- **겨울눈** : 봄에 잎이나 꽃을 피우기 위해 만들어져 겨울을 나는 눈으로 겨울눈은 보통 비늘조각이나 털 등으로 덮여있어요.
- **겹꽃** : 여러 겹의 꽃잎으로 이루어진 꽃, 꽃잎이 한 겹으로 이루어진 홑꽃과 반대이죠.
- **기근** : 땅 속이 아닌 공기 중에 나오는 뿌리를 말해요. 모든 식물에 기근이 있는 것은 아니지만 몬스테라 등 기근이 발달한 식물이 있어요.
- **근상** : 주로 분재로 키우는 식물의 수형을 더 돋보이게 하기 위해 뿌리를 화분 속이 아닌 흙 위로 많이 돌출시켜 인위적으로 만든 방법이에요.
- **양치식물** : 관다발 조직을 갖고 있는 일반적인 식물과 달리 꽃과 종자 없이 포자로 번식하는 식물을 일컬어요. 대표적인 종류로는 고사리과 식물과 세뿔석위 등이 있어요.
- **행잉플랜트** ; 공중에 매달거나 벽에 걸어서 키울 수 있는 특성을 가진 식물을 통칭으로 일컬어요
- **복토** : 화분 분갈이가 아니라 그 화분 맨 윗부분에 흙을 추가로 얹어 주는 것을 말해요.
- **수액** : 나무줄기나 가지에서 나오는 액으로 나무즙이라고도 합니다.
- **삽목(꺽꽂이)** : 줄기 일부분을 꺾어서 성장을 시키는 것을 말해요. 삽수도 같은 방법입니다.
- **휘묻이** : 식물을 꺽지 않고 휘듯이 한 부분을 흙에 묻어 뿌리를 내려 다시 하나의 개체로 번식시키는 방법이에요.
- **접목(접붙이기)** : 서로 다른 개체의 두 나무를 하나로 연결하는 것을 말해요. 바탕이 되는 부리쪽 식물이 밑나무가 되고 위에 갖다 붙이는 접지 식물이 새로운 하나의 개체로 만드는 기술이에요. 일반 과실수는 물론 선인장 등 다양하게 활용되요.
- **잎꽂이** : 어미화초에서 떼어낸 건강한 잎을 떼어 배양토에 꽂아서 번식하는 방법이에요. 바이올렛, 다육식물 등이 잎꽂이 번식을 많이 하는 식물이에요.
- **저면관수** : 화분 흙에 직접 물을 부어주는 것이 아니라 용기에 물을 담아 화분 바닥면이 일부 잠기게 하는 수분공급 방법이에요.
- **포기나누기** : 뿌리에서 난 여러개의 움을 뿌리와 함께 나누어 따로 독립시켜 번식하는 방법을 말합니다. 모든 식물이 포기나누기가 되는 게 아니라 포기나누기에 적합한 식물을 적절한 시기에 하면 좋아요.
- **광합성** : 녹색식물이 태양의 복사에너지를 이용하여 이산화탄소와 물을 산소와 탄수화물로 바꾸어 저장하는 현상을 말해요.
- **엽록소** : 녹색 식물의 잎살 속에 들어 있는 녹색 화합물질로 태양의 에너지를 받아 이산화탄소와 물을 산소와 탄수화물로 바꾸어 저장해요
- **잎맥** : 잎목 안에 그물망처럼 분포하는 조직으로 물과 양분의 통로가 돼요. 크게 나란히맥과 그물맥으로 나뉘어요.
- **주맥** : 잎몸에 여러 굵기의 잎맥이 있을 경우 가장 굵은 잎맥을 말해요. 보통은 잎의 가운데 있는 가장 큰 잎맥을 가리켜요.
- **측맥** : 중심이 되는 가운데 주맥에서 좌우로 뻗어나가 잎맥을 말해요.
- **휴면기** : 식물이 원래의 기능을 활발히 하지 않고 발육을 정지하며 쉬는 기간을 말해요. 주로 저온이나 고온 등 외부환경 조건으로 꽃이나 잎, 줄기 등이 생장하지 않는 상태예요. 대체로 겨울과 함께 시작되는 식물이 많지만 식물 종류에

따라서 여름이 휴면기인 식물도 있어요. 환경조건에 따라서 하는 강제휴면과 식물체내의 원인에 의해 하는 자발적휴면이 있어요. 구근식물이나, 단풍나무, 소사나무 등은 잎을 떨구고 앙상한 가지로 자발휴면을 하는 반면 잎을 떨구지 않고 휴면을 하는 식물도 있습니다. 또 수입 유통 등을 위해 뿌리와 줄기 등을 자르고 흙에서 분리해 강제로 휴면을 하게 하도록 합니다.

- **한해살이** : 주로 봄에 싹이 나서 그해 가을에 열매를 맺고 시들어 사라지는 식물로 나팔꽃, 봉숭아 등 다양한 종류가 있어요.
- **여러해살이(다년생)** : 한해살이와 달리 2년 이상 생존하는 식물을 말해요. 해마다 잎과 줄기는 죽어도 뿌리는 생명력을 갖고 있어 겨울을 보낸 후 이른 봄에 싹이 나와서 성장을 되풀이 하는 식물을 말해요.
- **목본류와 초본류** : 나무와 풀의 차이라고 할 수 있는데 성격이 많이 다릅니다. 나무(목본류)는 다년생의 줄기와 가지로 골격을 갖고 성장합니다. 계절에 변화가 있어도 줄기와 가지는 계절을 견디며 세포분열이 왕성하고 다시 싹과 잎이 나와요. 그리고 해마다 크게 성장하죠. 반면 풀(초본류)은 그런 골격이 없고 주로 겨울이나 여름 등 계절에 영향을 받아요. 초본류도 일년생이 있고, 흙 속에서 뿌리는 살아서 해마다 잎을 볼 수 있는 다년생도 있어요.
- **늘푸른떨기나무** : 사계절 내내 잎이 푸른 관목을 말해요.
- **관목** : 키가 중간 이하의 나무를 말해요. 관목은 키가 다 커도 5~6m 이상을 넘지 않아요. 숲에서는 주로 키가 큰 나무 밑에서 자라고, 바위 사이나 산 능선에서도 주로 자라요. 관목은 키가 많이 크지 않는 대신 가지를 많이 치는 특성이 있어요. 진달래, 무궁화, 장미, 피라칸타, 철쭉, 쥐똥나무, 생강나무, 층꽃나무 등 종류가 많아요.
- **교목** : 키가 8m이상 크게 자라는 나무를 말해요. 일반 가정 정원수로 나무를 식재한다면 관목과 교목 구분을 한 후 선택을 해요.
- **조매화(鳥媒花)** : 벌과 나비가 아닌 새에 의해서 꽃가루가 암술머리에 운반되는 꽃을 말해요. 동백나무와 바나나 등이 해당되는데 국내에는 주로 동백나무가 조매화의 대표로 손꼽혀요.

들이는 식물마다 오래 키우지 못하고 시들거나 잘못되어 속상해요. 식물을 오랫동안 잘 키우고 싶어요. 좋은 방법을 알려주세요.

초록빛 잎이나 아름다운 꽃에 끌려 식물을 들이면서 즐거움과 기대로 가드닝을 시작하는 분들이 많아요. 그런데 얼마 못가서 식물이 시들거나 마르는 등 손상되었다고 하는 경우가 있어요. 식물 초보자가 흔히 겪는 일이지만 지속적으로 반복되면 마음의 상처와 함께 식물 키우기에 대한 부담감이 생길 수도 있어요. 때로 시중에 판매되는 '식물은 농장이나 꽃집에서만 잘 자랄 뿐 집에 오면 다 잘못되는 것'이 아니냐고 하는 경우도 있어요. 이런 이야기를 접할 때면 안타까워요. 누구나 식물을 잘 키울 수 있는 방법이 있어요. 그것은 바로 식물에 대해 기본적인 공부를 하는 것이에요. 공부라고 해서 특별하고 어려운 것을 알아야 하는 것은 아니에요. 식물을 들이기전 가장 먼저 내가 들일 식물이 어떤 종류인지 구분하고 그 특성을 알아야해요. 화원에서는 많은 사람을 대상으로 판매하다 보니 특성이나 관리법 등에 대해서 자세한 설명을 들을 수 없기도 하고, 설명을 듣는다고 해도 금세 잊어버릴 수 있어요. 식물을 들인다면 우선 어떤 식물인지 알아야 하고 그에 따른 올바른 특성과 관리법을 찾아보세요. 즉 식물마다 생장하는 특성과 계절에 따른 변화가 다르므로 관리방법 또한 차이가 있다는 것을 알면 건강한 식물과 오래 함께 할 수 있어요.

그렇다면 식물이 어떤 모습을 보일 때 유심히 살펴봐야 할까요?

건강하게 예쁜 모습만 볼 수 있으면 좋을텐테 살아 있다보니 환경에 따라서 문제가 생길 때가 있어요. 그때마다 속상하고 난감해서 내가 무슨 잘못을 했을까, 어떻게 해야할까? 식물에게 속시원하게 물어볼 수도 없으니 답답하죠. 식물에 문제가 생기면 직접 살펴보고 관찰하지 않고는 한가지로 단정하기는 어려워요. 다음에 설명하는 내용처럼 주로 발생하는 이상증상과 대처방법을 알면 도움이 됩니다.

식물의 이상증상 살펴보기

- **잘 자라던 식물이 점차 시들어가는 경우** : 물을 좋아하는 식물이라면 물이 부족한 경우로 볼 수 있으므로 물을 충분히 주거나 물의 양을 늘립니다. 아울러 분갈이가 필요한 것은 아닌지 살펴보세요. 침엽수나 상록수, 열매식물 등 지속적인 성장을 하는 경우, 시간이 지나서 식물의 부피는 커지고 화분 속의 흙은 보습력이 떨어져서 분갈이가 필요한 경우라면 큰 화분에, 새로운 흙을 추가해서 분갈이를 합니다.
- **문제없이 건강해 보이는 잎이 자꾸 떨어지는 경우** : 다양한 식물이 보이는 증상이기도 합니다. 물을 제때 주지 않은 경우라면 물을 충분히 줍니다. 또 물과 상관없이 계절의 변화 등의 요인으로 잎이 떨어지기도 해요.
- **잎이 누렇게 변하거나 가장자리가 타들어가듯 변하며 떨어지는 경우** : 물을 좋아하는 식물이 아닌 경우 과습이면 잎이 누렇게 변해서 떨어지기도 합니다. 이때는 물주기를 줄이고 바람이 잘 통하는 밝은 곳에 둡니다. 반면 관엽식물의 잎가장자리가 타들어가듯 변하며 떨어진다면 강한 햇빛에 화상을 입은 것은 아닌지, 영양을 한 번에 너무 많이 공급해서 생기는 문제는 아닌지 체크합니다. 위에 얹은 비료나 영양제가 있으면 걷어내고 흙도 절반 정도 파낸 후 새 흙을 얹어줍니다.
- **잎이 뜨거운 물에 데친 것처럼 변한 경우** : 주로 겨울철에 호야나 스킨답서스, 몬스테라 등 추위에 약한 식물에서 보이는 냉해의 현상이에요. 상한 잎은 모두 제거하고 기존의 온도보다 조금 높은 장소로 옮겨서 관리합니다. 갑자기 너무 따뜻한 곳으로 옮기는 것보다 서서히 온도를 높여줍니다.

식물을 키우고 관리하는데 꼭 갖추어야 하는 필요한 도구가 있나요?

가드닝 도구는 다양하지만 가장 기본적인 모종삽과 정원용 가위, 물통, 물조리개 등을 갖추면 좋아요. 이 외에 온도계, 큰양철바구니, 유리, 플라스틱, 나무제품 등도 다양하게 활용할 수 있어요. 온도계는 한여름이나 한겨울 등 필요한 시기에 식물이 있는곳 온도를 쉽게 확인하는 데 유용합니다. 낮고 넓은 양철바구니는 작은 화분의 분갈이 등에 사용하고 평소에는 가드닝 용품을 담아둘 수도 있어요. 빗자루는 평소에는 소품으로, 분갈이 후는 청소용으로 활용할 수 있어요. 모종삽은 크기와 색감 등 여러 가지가 있는데 크기와 형태가 다른 몇 가지를 구입해서 쓰면 됩니다. 시중에 판매되는 정원용 물조리개는 물론 일반 플라스틱 용기 등 크기와 모양을 다르게 해서 식물의 특성에 맞게 사용하는 것이 좋아요. 예를 들어 율마나 침엽 등 물을 좋아하는 식물에는 한 번에 많은 용량이 들어가는 재활용 생수 용기도 유용해요. 반면 물을 적게 먹는 다육식물과 괴근식물 등에는 작은 물통을 사용하는 것이 과습을 예방할 수 있어요. 이렇게 식물 특성에 따라 물통을 달리 사용하는 것은 식물을 더 건강하게 자라게 합니다.

식물을 잘 키우기 위해서 물주기가 중요하다고 들었어요. 그런데 식물에게 물을 주는 것이 어려워요. 키우는 식물의 종류가 다르면 어떻게 물을 줘야 할까요?

식물에게 물을 주는 것은 쉽지만 적절히 잘 주는 것은 공부가 필요해요. 물론 학습적인 부분만이 아닌 식물에 대한 이해가 필요하다는 것이에요. 물주기는 식물의 특성이나 계절에 따른 차이가 크다고 할 수 있어요. 때로 판매처에서는 '며칠에 한 번만 줘도 잘 자란다'고 말하기도 해요. 하지만 종류와 크기, 계절의 구별을 하지 않고 막연하게 '며칠에 한 번'이나 '적당히'라는 말은 올바른 물주기의 방법이 아니에요. 식물 키우기에서 '물주기 공부 3년'이라는 이야기가 전혀 틀린 말이 아닐 정도로 물주기는 생각만큼 단순하지 않아요. 그렇다고 해서 식물을 키우기 위해 물주기를 3년이나 배워야 한다는 뜻은 아니에요. 그만큼 물주기가 쉬운 것만은 아니라는 것이에요.

단순히 식물의 이름을 하나하나 외워서 물을 주는 것은 현실적으로 어려움이 있어요. 물을 잘 주기 위해서는 식물에 대한 정확한 이해가 필요해요. 우선 식물의 특성을 이해하고 화분의 크기와 계절을 고려하는 것이 중요해요. 물을 대충, 적당히 줘도 잘 자라는 식물은 거의 없어요. 있다고 해도 비교적 수월한 식물이, 주변의 환경이나 화분의 크기 등과 딱 맞아서 그렇게 느껴진 것일 수도 있어요. 예를 들어 선인장이나 다육식물은 물을 그리 좋아하지 않는 식물이라서 한동안 물 관리를 안 해도 이상이 없어요. 하지만 그 외의 관엽식물이나 침엽수, 꽃식물, 열매식물, 에어플랜트 등은 그 특징과 크기에 따라서 물을 잘 주어야 건강하게 키울 수 있어요.

우선 내가 키우고 있는 혹은 구입한 식물이 어떤 종류인지 알아야 해요. 식물의 종류에 따라서 물을 주는 양이나 방법이 다르기 때문이요. 서로 다른 종류의 식물을 동일한 방법으로 물주기를 한다면 건강하게 오래 키우기 어려울 수 있어요. 집에서 키우는 식물이 침엽수인 율마와 블루아이스, 상록수이자 꽃과 열매를 볼 수 있는 동백, 몬스테라, 스킨답서스라면 물을 주는 시기나 방법이 달라요. 율마와 블루아이스, 동백은 물이 부족하면 손상이 올 수 있는 식물이므로 그 부분을 고려해서 화분 크기와 식물의 부피에 맞게 아주 흠뻑 줍니다. 반면 몬스테라나 스킨답서스는 화분의 흙을 살펴본 후 겉의 흙이 바싹 마르면 그때 흙에 충분히 주는 등 서로 다른 물주기가 필요해요.

물은 오전에 줘야한다고 들었어요. 오전에는 시간이 없는데 저녁에 줘도 괜찮을까요?

물을 주는 시간은 오전을 이상적인 때로 꼽아요. 시간적인 여유가 된다면 오전에 일정시간을 정해서 식물에게 물을 주세요. 그게 어렵다면 베란다 등에서는 시간을 너무 의식하지 않아도 됩니다. 너무 늦은 시간은 피하면 좋지만 퇴근 시간이 늦거나 여러 원인으로 낮시간에 물을 줄 수 없다면 밤에라도 물을 줘야 해요. 만약 기온이 많이 낮은 한겨울, 늦은 밤시간에 물을 줘야 한다면 새벽에 기온이 내려가도 냉해를 입지 않는 식물에만 주세요.

물을 줄 때, 화분의 흙 속에 젓가락을 찔러본 후 흙의 상태를 보고 물을 주는 방법도 있다는데요? 이 방법은 어떤가요?

물 주는 시기를 알아본다고 나무젓가락으로 화분 속을 찌른 후 젓가락을 꺼내 흙의 상태를 보는 경우가 있어요. 계속 성장을 하는 식물인 경우, 이렇게 체크를 하고 흙이 마른 상태일 때 물을 주는 방식을 지속적으로 활용한다면 건조로 인한 손상을 입을 수 있어요. 식물에만 얽매여 수시로 화분흙을 체크하는 것은 현실적으로 어렵기 때문이에요. 또 매번 젓가락으로 찌를 때마다 식물의 뿌리 표면을 건드릴 수도 있고 그 횟수가 늘어나면 뿌리에도 좋지 않아요. 즉 평소에 물을 충분히 줘야 하는 식물에 젓가락을 찔러보는 방법을 지속적으로 사용하는 것은 적절하지 않아요.

이 방법은 최대한 신중하게, 물을 적게 줘야하는 식물에 제한적으로 사용하세요. 물을 좋아하는 식물이나, 뿌리가 줄기나 잎에 충분한 수분을 잘 전달해야하는 식물의 경우에는 적절하지 않은 방법이에요.

비가 오는 날이나 장마철 물주기는 어떻게 하나요? 침엽수의 경우, 건조하게 관리하면 안 된다고 하면서, 과습을 주의하라는 말은 어떻게 해석하나요?

우리나라의 6~8월은 장마와 함께 공기의 습도가 높은 때예요. 이때는 야외 식물은 물론 베란다 등 실내 식물도 힘든 시기라고 할 수 있어요. 식물과 함께 한 시간이 짧은 경우 특히 여름철 물주기가 어렵게 느껴질 수 있어요. 이때도 우리집에 어떤

식물이 있는지에 따라서 다른 물주기 방법이 적용돼요. 다른 계절과 비교하면 공중 습도가 두 배 이상으로 높으므로 물을 덜 좋아하는 식물인 선인장이나 다육식물, 제라늄 등은 물을 거의 주지 않거나 과습을 주의하며 물을 줍니다. 물을 아주 적게 주거나 주지 않는 것도 방법이에요.

반면 다양한 침엽수와 관실식물을 포함한 목본류의 식물은 적절한 물주기가 필요해요. 예를 들어 율마와 블루아이스, 라인골드, 동백나무, 커피나무, 황칠나무, 올리브나무, 피어리스, 짜보 등을 베란다에서 키운다면 장마철을 비롯해 습도가 높은 한여름에도 물이 부족하지 않도록 관리해야 합니다. 이 식물들은 과습보다 뿌리의 건조로 인한 물 부족을 조심해야 하는 식물로 지속적으로 나무에 수분이 공급되어야 해요. 그렇기 때문에 습도와 날씨 등과는 큰 상관없이 흙에 물을 충분히 줍니다. 장마철에는 화분 속의 흙이, 높은 온도와 햇빛으로 인해 마르는 현상이 줄어드는 것은 맞아요. 하지만 뿌리 위쪽의 줄기와 잎 등은 날씨와 상관없이 생명유지를 위해 수분을 지속적으로 필요로 하므로 물은 평소와 다르지 않게 주세요. 다만 베란다 난간, 즉 야외에서 비를 아주 많이 맞는 경우는 평소보다 물을 적게 줘도 비를 직접 맞아서 수분을 공급받게 되므로 물주는 것이 조금 소홀해도 괜찮습니다.

간혹 판매처에서 여러 종류의 침엽수나 동백나무, 커피나무 등의 관리방법을 알려주면서 '건조를 조심해야하는 식물이지만 과습도 좋지가 않다'는 말을 하는 경우가 있어요. 이 말 자체에 모순이 있어요. 저 말대로 관리를 할 수 있는 식물이 거의 없기 때문이에요. '과습'이라는 것은 단어 그대로 과도하게 습기가 많으면 좋지 않은 경우인데요. 여러 종류의 침엽수와 관실수는 전부 햇빛을 좋아하는 식물로 해가 잘 드는 곳에 두고 물은 아주 충분해야 해요. 그렇기 때문에 날씨에 맞춰 일일이 화분의 흙을 살펴보고 물을 주는 것보다, 화분 크기와 환경에 따라서 1~3일마다 한 번씩은 물을 흠뻑 줘야 해요. 즉 '과습'이라는 단어 자체를 의식하거나 걱정하지 않아도 된다는 뜻이에요. 자칫 물의 양이 조금 많다고 해도 목본류의 식물은 줄기에 축적된 리그닌이 있어서 나무가 물러지는 일은 생기지 않아요. 물을 아주 잘 줘야하는 식물에 과습이라는 단어는 적절치 않고 걱정하지 않아도 됩니다. 우리가 야외에서 자주 만나는 소나무나 가문비나무 등 여러 침엽과 남쪽에 많이 있는 동백나무와 황칠나무 등의 경우만 봐도 한 달씩 장마가 지속되어도 그로 인한 문제가 생기지 않는 것은 '과습은 크게 걱정을 하지 않아도 된다'는 것을 보여주는 예이기도 합니다.

실내에서 키우는 경우, 장마나 한여름에도 물이 부족하지 않게 잘 주고, 촘촘한 식물의 잎은 속 통풍에 신경을 써주세요. 물을 잘 주면서 관리를 해도 촘촘한 침엽수의 잎은 가운데로 바람이 덜 통하고 습도가 높은 경우 갈색으로 변하며 손상이 올 수 있기 때문이에요.

여행으로 며칠 동안 집을 비워야 하는 경우에는 식물의 물주기를 어떻게 하나요? 이때 물관리를 효과적으로 할 수 있는 방법이 있나요?

여행이나 집안 행사, 출장 등 일이 생길 때마다 식물을 그대로 두고 가려면 걱정이 앞서는데요. 우선 집에 있는 식물이 어떤 종류인지와 그 수량을 파악해요. 물을 적게 먹는 다육식물이나 선인장, 제라늄 등을 위주로 키운다면 크게 문제가 되지 않을 수 있어요. 반면 큰 부피의 침엽수, 상록수 등이 있다면 집을 비우기 며칠 전부터 평소보다 물을 많이 주는 것도 좋아요. 과습에 대한 걱정이 적은 식물인 경우 줄기와 잎이 미리 수분을 많이 흡수해 집을 비우는 며칠 동안도 견딜 수 있도록 하는 것이에요. 또 2리터 정도의 생수통에 미리 물을 넣고 뚜껑을 닫은 후 뚜껑 가운데 작은 구멍을 뚫어, 집을 비우기 직전에 흙에 꽂아주듯이 고정하는 것도 방법이에요. 이처럼 3,4일 정도의 비교적 짧은 기간이라면 큰 화분에는 미리 충분한 양의 물을 주고, 생수통을 이용합니다. 또 작은 화분의 침엽수인 경우 큰 용기에 물을 절반 정도 채운 후 화분을 담그고 가는 것도 방법이에요, 특히 더운 계절에 집을 비울 경우는 식물의 크기와 종류에 맞게 미리 물관리를 하면 식물의 손상을 최소화 할 수 있어요.

이밖에 원예자재상에서 판매하는 자동물공급장치와 물심지 등 부수적으로 사용할 수 있는 제품도 있어요.

저면관수방법은 어떤 식물에 적용하면 좋은 물주기 방법인가요? 물을 좋아하는 식물을 항상 저면관수를 해도 괜찮은가요? 물을 좋아하는 식물은 화분이 아니라 수경으로 키워도 될까요?

저면관수는 용기에 물을 받아 화분 바닥면이 물에 잠기도록해서 흙과 뿌리가 물을 흡수하게 하는 방법이에요. 저면관수방법은 식물과 계절에 따라서 다르게 이용하면 식물을 더 건강하게 키우는데 도움이 되요. 특히 기온이 높을 때 수국이나 목마가렛, 열매식물 등 수분이 충분해야 건강하게 꽃과 열매를 보는 경우 이용하면 좋아요.

저면관수의 좋은 방법은 화분 바닥이 항상 물에 잠기도록 하는 것보다, 평소에는 흙에 충분히 물을 주고, 더운 계절이나 여러 사정으로 물을 길게 주지 못했을 때 추가적으로 사용하면 효과적이에요. 먼저 화분의 흙에 물을 충분히 주고, 용기에도 받아서 수분을 더 흡수하도록 하면 꽃이나 열매를 조금 더 길게 볼 수 있어요. 꽃 식물 외에도 분재로 키우는 식물이나 침엽수 등 한여름에 수분 보충이 충분히 필요한 경우 하룻밤 정도 저면관수방법을 이용하면 건조로 인한 손상을 예방하고 건강하게 키우는데 도움이 됩니다.

물을 좋아하는 식물이라고 해서 모두 수경으로 키우기는 어려워요. 물에 있는 영양분은 흙과 달리 아주 제한적이기때문이에요. 실내에서 수경으로 적합한 식물은 개운죽, 행운목, 아이비, 스킨답서스 등 일부 식물이에요.

집에서 비비추와 줄무릇같은 다년생 초본류를 키우고 있어요. 이런 계절성 식물들은 언제, 어떻게 물주기를 해야 하는지 궁금합니다.

여러해살이 식물이면서 휴면과 성장을 다르게 하는 초본류는 계절에 따라서 물주는 방법이 다른데요. 화분에 심은 경우 잎이 건강하고 무성할 때는 표면의 흙이 마르면 아주 흠뻑 줍니다. 물이 부족하면 잎의 수분이 부족해 선명하고 건강한 잎을 오래 볼 수 없어요. 가을이 시작되고 잎이 시들어 휴면을 준비하는 경우에는 물의 양을 줄입니다. 계절변화에 따른 자연스러운 현상이므로 이때는 물을 너무 많이 주면 뿌리가 썩을 수 있어요.

휴면기에 들어가는 11월부터는 물의 양을 최소화 하고, 화분의 흙이 어떤지, 뿌리 돌출은 없는지 살펴봅니다. 만약 흙 위로 올라온 뿌리가 있다면 흙을 조금 더 얹어서 뿌리를 덮어주세요. 그리고 12월 말이나 1월 초

부터 흙의 상태를 보고 물을 주세요. 양은 겉흙이 젖을 정도로만 주면 됩니다. 아직 완전히 깨어나 활동을 하는 게 아니므로 지나치게 많이 주지 않아도 됩니다. 시든줄기(잎)는 억지로 떼어내지 않아도 됩니다. 완전히 시들어서 뿌리로부터 분리가 되어 떨어질 때까지 그냥 두는 것도 괜찮아요. 오히려 아무것도 없이 흙만 있는 화분보다 잎이 보이면 어떤 식물인지 알 수 있고, 휴면기가 끝날 때를 체크할 수 있도록 하는 역할도 합니다.

겨울이 지나고 흙에서 새싹이 보이면 해가 좋은 곳에 두고 물의 양을 늘려주세요. 뿌리 활동이 시작되고 줄기가 날 때 너무 건조하면 제대로 자라지 못하고 손상될 수 있어요. 베란다와 야외에서는 온도가 달라 뿌리가 활동하는 시기에 차이가 있으므로 장소를 고려해 관리해주세요.

다년생 식물은 한해살이 식물과는 어떻게 다른가요?

한해살이 식물은 종자를 파종하는 해에 꽃이 피고 종자를 맺은 뒤에 1년 이내에 생이 끝나는 식물로 일년생 초화라고도 해요. 그 중에서 봄에 종자를 뿌려서 꽃을 보는 것을 춘파(春播)라고 하며 대부분 원산지가 아열대나 열대 지방으로 추위에 견디는 능력이 떨어져요. 반면 원산지가 온대지방으로 추위에 견디는 능력이 비교적 강해서 가을에 종자를 뿌려서 다음 해 봄에 꽃을 피우는 종류를 추파(秋播)라고 해요. 1년생인 춘파와 추파 모두 파종 한 이후 꽃이 피고 죽기까지 12개월 내에 모든 것이 이루어져요. 한해살이 식물 말고도 두해살이 식물도 있는데 파종 후 12개월, 즉 1년이 지난 후 꽃이 피어 결실을 보는 종류를 말해요. 주로 추파 1년초의 생육기간이 길어진 형태로 볼 수 있는데 캄파눌라나 카네이션, 접시꽃 등이 있어요.

한두 해만 사는 식물과 달리 여러 해를 사는 초본류를 다년생 초본류라고 해요. 이들 식물은 추위가 오면 땅 위로 향한 줄기와 잎은 말라 죽지만 땅 속의 뿌리는 살아있어요. 그래서 다음 해 봄이 되면 다시 줄기와 잎, 꽃을 볼 수 있는 식물을 말해요. 풀과의 식물이 휴면기를 가지는 것이 큰 차이라 할 수 있지요. 한해살이 식물과 마찬가지로 겨울에 뿌리 위에서 사라지는 것은 큰 차이가 없으므로 한해살이 식물과 정확히 구분해서 초봄부터 물과 햇빛 등의 관리가 필요해요. 비비추, 원추리, 꽃창포, 줄무릇, 금낭화, 루드베키아 등 품종이 다양해요. 휴면기를 화분에서 보내는 때에 식물이 죽은 것이라고 생각하고 버리지 경우가 생기지 않도록 해주세요.

일년초와 달리 여러해를 살면서 줄기와 잎을 감추고 휴면기를 보내는 초본류의 식물은 관리가 까다롭다고 느껴질 수 있어요. 대신 한해살이 식물에 비해 다년초는 관리만 잘하면 오랫동안 함께 하며 예쁜 잎과 꽃을 볼 수 있는데요. 비비추는 사계절을 다른 모습으로 지내요. 즉 계절에 따라 외부 기온 등 환경에 반응하며 성장하고 휴면을 합니다. 초본류 다년생은 일반 목본류의 식물이 목질화된 가지가 있는 것과 달리 풀과 식물은 줄기와 잎만으로 구성되어 있어서 추위에 약해요. 뿐만 아니라 영양과 수분을 저장할 수 있는 가지가 없어요. 그래서 기온이 내려가는 가을과 겨울철을 문제없이 지내기 위해서 잎의 수분을 줄이고 뿌리 쪽으로 영양을 모아 휴면을 준비해요. 주로 가을이 되면서부터 잎의 윤기와 고유의 색상이 사라지면서 누렇게 변하며 시들어요. 휴면을 준비하는 때를 모르고 문제가 생긴 것으로 오해를 해서 물을 지속적으로 주게 되면 뿌리가 썩을 수 있어요. 비비추, 줄무릇 등 여러해살이 초본류는 계절성 식물이므로 본격적인 추위가 시작되면 잎의 초록도 모두 사라지고, 뿌리는 흙을 이불 삼아 잠을 잡니다. 휴면기는 환경에 따라 차이가 있지만 보통 10월에서 3월까지입니다.

식물을 키울 때 사용해야하는 흙도 따로 있을까요? 야외의 밭이나 정원의 흙을 써도 될까요? 홈가드닝에 주로 필요한 흙을 알려주세요.

흙은 식물에게 필요한 수분은 물론 영양분의 공급처이며 식물체를 지탱하는 역할을 하는 중요한 부분이에요. 흙은 일반적으로 수분 25%, 공기 25%, 고형물 50%의 비율일 때 식물이 가장 잘 자라는데요. 원예용 식물은 대부분 전용 흙을 이용해서 키우는 것이 좋아요. 야외의 흙을 별도의 처리 없이 실내 식물에 이용한다면 병충해, 영양부족 등 여러 가지 문제를 일으킬 수도 있어요. 전용 흙은 기본적으로 배수성과 통기성, 보수성이 좋고 병충해 등 살균처리가 된 제품이에요. 일반 꽃집에서 쉽게 구입할 수 있는 전용 분갈이용 흙에는 식물 성장에 필요한 여러 영양성분과 펄라이트, 건조 후 분쇄된 나뭇가지 등을 포함한 다양한 성분이 들어있고, 살균과 소독이 되어 있어요.

이 외에도 나무껍질을 자른 바크는 물빠짐이 좋고 서양난이나 착생 식물에 많이 활용됩니다. 크기가 각기 다른 돌은 수경재배와 큰 화분이나 선인장 화분 위의 장식용 등 여러 용도로 쓰이므로 필요에 따라 선택하면 됩니다. 흙은 아니지만 백태, 자연이끼, 인조이끼 등 다양한 이끼는 바크처럼 착생식물을 키우는 것은 물론 장식과 소품에도 쓰입니다.

키우는 식물 종류에 따라 사용하는 흙이 다르지만 홈가드닝에는 기본적으로 일반분갈이 흙과 굵기가 다른 마사, 수태 등 몇 가지가 함께 있으면 좋습니다.

흙의 여러 가지 종류 알기

- **원예용 배양토** : 식물을 재배하기 위해 여러 가지 토양을 알맞게 혼합한 흙으로 배수와 통기성, 유용한 영양성분이 골고루 배합되어 있어요.
- **마사** : 주로 다육식물이나 선인장 등에 많이 사용되는데 물빠짐이 좋은 흙을 사용해야하는 식물에도 섞어서 다용도로 이용되고 있습니다. 가는 세립, 보통 정도의 중립, 미세흙을 세척 건조한 세척마사 등 필요에 따라 선택할 수 있습니다.
- **난석** : 화산석을 선별한 가벼운 경량토로 난 분갈이, 배수용 등의 용도로 사용됩니다.
- **바크** : 소나무나 잣나무 등의 껍질을 잘게 분쇄한 조각이에요. 건조가 되면 흡수가 잘 되지 않는 특성이 있어요. 양난류의 상토로 이용하거나 관엽식물 상토에 섞어 사용합니다. 바크 등 우드칩 종류는 미생물 번식도 활발하고 유기물 공급도 하는 역할을 합니다.
- **화산석** : 구멍이 많아 배수성이 좋고 모양따라 장식효과도 있어 크기따라 다양하게 사용할 수 있습니다.
- **하이드로볼** : 점토와 물을 혼합해 1,000도 이상의 고온에서 구워낸 인공토입니다. 식물에 산소 전달이 잘 되지만 하이드로볼 자체만으로는 영양분이 적어서 수경재배나 장식 등 보조용토로도 사용할 수 있습니다.
- **버미큘라이트** : 질석을 750℃의 고온으로 가열하며 만든 경량토로 운모가 함유되어 반짝거리는 특징이 있어요. 무게가 모래의 1/15 정도로 가볍고 소량의 칼슘과 마그네슘, 칼륨이 함유되어 있으며 살균력이 좋아요.
- **펄라이트** : 진주암을 1,000도로 가열하여 만든 백색 입자로 미세구멍이 많은 가벼운 경량토예요. 배수성, 보수성, 통기성 등이 좋아 잔뿌리 발생에도 도움이 됩니다. 하지만 비료성분은 물론 큰 영양분이 없어서 단일흙으로 사용하기는 어려워요.
- **부엽토** : 섬유질이 많고 엽육이 두꺼운 낙엽활엽수의 잎을 모아서 부숙시킨 것으로 식물에 이로운 토양 미생물의 활동이 왕성해요. 단독 용토보다 혼합토의 재료로 이용되요.
- **수태** : 고산지대의 습지에서 자라는 물이끼를 건조시킨 것이에요. 물주머니가 있어서 수분을 20배 가까이 흡수할 수 있어요. 수태는 산성이 강해 잘 썩지 않고 건조되면 가벼워서 다양하게 이용되요. 미생물이 많이 포함되어 토피어리나 난 종류 등에 상토대용으로 사용할 수 있으며, 주로 압축형태로 많이 수입 판매되는 수태는 유용하게 사용할 수 있습니다.
- **코코칩** : 코코야자 열매의 껍질을 잘게 잘라서 블록으로 압축시켜 만든 천연섬유질입니다. 습도유지 역할도 해서 식물에게 좋습니다. 립살리스 종류에도 많이 사용합니다.

홈가드닝을 할 때도 비료나 영양제가 꼭 필요한가요? 비료의 종류에는 무엇이 있고, 사용할 때 주의점과 효과적으로 사용하는 방법은 무엇인요? 추천하는 제품이 있나요?

식물체를 구성하는 필수원소는 9가지로 이 중에 식물이 비료로 가장 많이 흡수하는 질소, 인산, 및 칼륨을 비료의 3요소라고 하며 칼슘과 마그네슘을 다량요소, 나머지 요소들은 매우 소량을 필요로 하기 때문에 미량요소라고 해요.

비료는 크게 인산(P), 질소(N), 칼륨(K)으로 구성되어 있어요. 인산은 탄수화물과 화합물을 형성하며 다른 물질로 쉽게 변화되는데 이용되며 생장점 부근의 형성층에 많이 함유되어 있어요. 주로 꽃과 열매에 작용을 하는데 인산을 '종자의 비료'라고도 불러요. 장미나 국화, 카네이션 등 꽃을 위주로 감상하는 식물에게 많이 필요합니다. 질소는 식물체의 단백질과 엽록소 및 각종 생장물질의 기본으로, 부족하면 잎이 황색이 되기도 하고 잘 자라지 않아요. 잎과 줄기의 생장에 많은 영향을 미쳐서 질소 성분을 '잎의 비료'라고 부르기도 해요. 칼륨은 탄수화물과 질소의 대사, 단백질 합성에 관여하는 성분으로 뿌리 끝이나 잎까지 물이 닿는 곳에 널리 분포하며 특히 줄기의 형성층 부근에 많이 분포해요. 칼륨은 광합성을 왕성하게 할 수 있게 돕습니다. 열매 식물의 빛깔이 좋아지며 줄기를 튼튼하게 하고 뿌리의 생장과 면역력에 영향을 미치죠. 또 추위와 더위, 건조와 병충해에 대한 저항성을 키워주기도 해요.

이 외에도 칼슘(Ca)은 식물 성분 중에 네 번째로 많은 물질로 토양에 널리 존재하며 식물의 세포막을 튼튼하게 하고 세포내에 들어가는 해로운 물질은 막는 역할을 하고 체내에 축적되는 노폐물을 제거하는 역할을 해요. 마그네슘은(Mg)은 철과 같이 엽록소 구성성분의 역할을 하고, 망간은(Mn)은 결핍에 의한 장애보다 토양이 산성화 되면서 과다흡수에 의한 장애가 문제가 됩니다. 붕소(B)는 생장점 부근의 세포벽에서 많이 발견되며 결핍 시 잎, 줄기, 꽃, 과실의 모양이 기형적이고 비정상적인 무늬가 생길 수 있어요.

이런 영양소를 기반으로 비료는 크게 무기질비료와 유기질비료, 원예용비료로 나눌 수 있어요. 무기질 비료는 흔히 화학비료라고 하며 효과가 단기간에 나타나서 속효성 비료라고도 불러요. 유기질 비료는 식물체를 부숙시킨 식물성 유기질 비료와 가축의 분료 등을 부숙시킨 동물성 유기질 비료가 있어요. 보통 한 가지 성분으로 이루어진 단일비료와 여러 성분이 혼합된 화성비료로 나누어집니다. 시중에는 액체형채의 액비와 흙 위에 올려두는 고형비료, 작은 알갱이 비료 등이 많이 유통됩니다.

원예용 식물이 동일한 비료나 영양제를 요구하는 것은 아니에요. 하지만 원예용비료인 작은 알비료를 한 통 구입해 놓으면 관엽식물이나 꽃식물 등에 다양하게 사용할 수 있어요.

식물을 구입하면 꼭 분갈이를 해야 하나요? 그냥 키울 수는 없나요?

분갈이는 잘 자란 식물을 현재의 화분에서 꺼내 새로운 흙을 담은 다른 화분에 옮겨 심는 것을 말해요. 이때 화분만 바꾸는 것이라면 동일한 크기를 선택하고, 식물이 자라서 화분이 작은 상태라면 더 큰 화분으로 옮겨 심는 절차예요. 분갈이는 식물을 잘 키우는데 있어서 기본이 되면서 중요한 부분이에요. 분갈이는 식물의 종류와 크기 등에 따라 차이가 있어요.

요즘에는 계절성 식물 종류 일부를 제외하면 사계절 다양한 식물이 판매되고 있어요. 그렇기 때문에 처음 구입한 식물이라면 너무 오래 미루지 말고 분갈이를 하는 것이 좋아요. 우선 화원에서 구입한 기본적인 연질화분의 경우, 식물이 어떤 종류인지 구분을 합니다. 그래서 물을 좋아하는 식물인지, 성장이 빠른지, 계절성 식물인지, 일년초인지 살펴보고 화분의 크기와 흙의 종류 등을 선택합니다.

분갈이는 언제, 어떤 경우에 해야 하는지 궁금합니다.

식물의 분갈이 시기 알아보기

1. 시중에 판매하는 작은 플라스틱 화분의 식물을 구입한 경우
2. 화분 바닥면 배수구로 뿌리가 뚫고 나온 경우
3. 물을 주면 이전과 달리 바닥으로 바로 흘러나오는 경우
4. 화분에 비해서 식물의 키나 부피가 지나치게 큰 경우
5. 분갈이를 한지 2년이 지난 경우(침엽수, 상록수 등 지속적인 성장을 하며 물을 좋아하는 식물의 경우)

기존에 키우고 있는 식물이 화분이 작아서 늘려주는 분갈이라면 봄이 좋아요. 봄은 기온이 올라가면서 식물이 성장과 번식을 하기 좋은 시기예요. 하지만 봄 외에도 식물이 지나치게 많이 자라서 분갈이가 필요하다면 계절과 상관없이 분갈이를 해주세요. 단 기온이 많이 내려가는 강추위 때와 폭염일 때를 피합니다. 그때는 외부의 환경으로 인해 식물이 새로운 화분으로 이동해 안정적으로 자리잡기 조금 힘들 수도 있어요.

식물마다 맞는 분갈이 방법이 따로 있나요?

침엽수인 율마나 허브과의 로즈마리를 구입했다면 구입한 화분의 2배 이상의 크기를 선택해요. 두 식물 모두 햇빛을 좋아하고, 물이 부족하면 줄기와 잎이 손상을 입을 수 있는 종류이므로 화분은 넉넉한 크기를 선택하고 흙은 일반분갈이용 흙을 사용합니다. 반면 선인장이나 다육식물 등을 구입했다면 물을 좋아하는 식물이 아니므로 그 식물의 크기를 고려해 너무 큰 화분보다 적절한 크기를 선택하고, 흙은 선인장과 다육식물 전용흙을 사용하거나 분갈이용흙에 물빠짐이 좋은 마사를 50% 정도 섞어요. 이처럼 분갈이는 식물의 종류와 구입한 화분의 크기를 고려한 후 해주세요.

식물에 따른 분갈이 방법

- **관엽식물** : 관엽식물은 지속적으로 줄기와 잎이 성장을 하는 고무나무나 홍콩야자같은 식물과 해피트리나 녹보수처럼 주로 잎이 더 많이 성장하는 경우가 있어요. 그 부분을 고려해 화분을 선택하는데 해피트리나 녹보수는 너무 큰 화분보다 적절히 맞는 화분을 선택하고 일반 분갈이용 흙을 사용해서 분갈이를 합니다.
- **침엽수** : 성장이 좋은 편이며 햇빛과 물을 좋아하는 식물이 많아요. 그렇기 때문에 앞으로의 성장을 고려해 화분이 너무 딱 맞는 크기보다는 실재 식물보다 크고, 흙은 물빠짐이 너무 좋은 마사는 최소화해서 분갈이를 하면 됩니다.
- **꽃식물** : 꽃이 피는 식물은 주로 꽃이 피는 그 계절 위주로 많은 물과 햇빛을 필요로 해요. 봄부터 꽃을 보는 목마가렛이나 수국 등은 꽃이 피었을 때를 고려해 화분 크기를 넉넉하게 하고 물빠짐이 너무 좋은 마사는 소량만 섞어주세요. 봄가을 꽃식물을 구입하면 빠른 시일 내에 큰 화분에 분갈이를 하는 것이 좋아요.
- **선인장과 다육식물** : 수분과 영양을 많이 필요하지 않는 식물이며 성장이 느려요. 그 부분을 고려해 큰 화분을 선택하는 것보다 딱 맞는 화분을 선택하고, 물빠짐과 뿌리 통풍이 좋은 전용흙을 사용하거나 분갈이용 흙에 마사를 섞어줍니다.
- **분재** : 나무의 수형을 살려 가지치기를 하며 더디게 키우는 식물이에요. 큰 화분보다는 딱맞는 화분, 나무 형태에 어울리는 화분을 선택합니다. 분재 식물이 물을 좋아하는 경우가 많지만 그래도 일반 분갈이용 흙만 사용하는 것보다 물빠짐이 좋은 마사를 많이 섞어요. 성장이 너무 빠르면 분재 특유의 개성을 살려 키우기 어렵기 때문이에요.
- **구근식물** : 봄을 비롯한 특정 계절에 성장과 꽃을 피우는 특징이 있어요. 사계절 동안 관리하는 것이 아니기 때문에 너무 큰 화분이 필요하지 않아요. 구입한 구근이 포트 등 화분에 식재되어 있다면 별도의 분갈이 없이 1~2개월간 꽃을 보는 것도 좋은 방법이에요.
- **괴근식물** : 괴근의 모양과 잎을 보는 경우가 많아요. 괴근의 종류에 따라서 화분선택을 잘해야 괴근 모양을 멋스럽게 감상할 수 있어요. 뿐만아니라 너무 큰 화분은 과습이 오면 괴근을 썩게 하는 요인이 되므로 괴근에 맞는 적절한 크기를 선택합니다.
- **허브식물** : 햇빛과 물을 좋아하는 경우가 대부분이에요. 이 특성을 고려해 화분을 선택합니다. 흙에 마사를 너무 많이 섞으면 물이 빨리 말라 잎마름 등 손상을 입을 수 있어요. 로즈마리나 라벤더 등을 구입한다면 빠른 시일내에 큰 화분에 분갈이해서 햇빛과 바람이 좋은 장소에 놓아주세요.
- **걸이식물** : 주로 늘어지게 자라는 식물이 많아요. 그 특성을 고려해서 화분과 흙(수태, 바크) 등을 선택합니다. 늘어지는 립살리스 등은 아래로 줄기가 위로 곧게 서지 못하고 아래로 늘어져요. 그 부분을 고려해 걸어서 키워야 합니다. 또 일반흙보다 수태나 바크 등이 더 좋다면 그것으로 분갈이를 해주세요.

분갈이를 하려면 화분도 있어야 할 것 같아요. 식물에게도 저마다 맞는 화분이 따로 있나요?

식물을 오랫동안 잘 키우는 데 필요한 여러 요소 중에서 화분의 선택도 빼놓을 수가 없어요. 식물을 더 잘 자라게 화분이 있는 건 아니에요. 화분의 특성이 물마름에 아주 적은 영향을 미치지만 관리가 더 중요합니다. 식물 종류가 다양한 만큼 화분도 종류, 특성, 크기, 가격도 달라요. 식물 초보라면 화분을 고르는 데에서도 어려움을 겪기도 해요. 우선 화분의 여러 가지 종류와 특성을 잘 알고 선택하면 좋아요.

화분에는 어떤 종류가 있나요?

화분은 플라스틱, 도자기, 토분(테라코타), 친환경화분, 캐릭터화분 등이 있어요. 플라스틱 화분은 비교적 가볍고 가격부담도 적어요. 농장 등에서 식물을 식재해 유통하거나 가정 등에서 가볍게 사용하기 좋아요. 도자기 화분은 표면에 유약을 발라서 고온의 가마에서 구운 화분이에요. 오래전부터 사용해온 화분 종류 중 하나로 표면의 오염이 적은 특징이 있어요. 토분(테라코타)은 황토흙에 유약을 바르지 않고 고온에서 구워내서 시간이 지날수록 자연스러워지는 특성이 있어요. 요즘은 기본 황토색 외에도 다양한 색의 토분이 나오고 있는데요. 토분은 만드는 방법에 따라서 물레를 돌려 손으로 만드는 수제토분과 미리 만들어 놓은 틀에서 찍어내는 기계토분으로 나눌 수 있어요. 기계토분은 수제토분에 비해서 가격부담이 적은 장점이 있고 큰 식물이나 많은 식물을 키우는 경우 유용하게 쓸 수 있어요.
친환경화분은 주로 코코넛 등의 재료를 원료로 만든 화분이에요. 물빠짐이 좋고 친환경이라는 장점이 있지만 식재할 수 있는 식물이 제한적이에요. 물을 좋아하거나 성장이 아주 빠른 식물에는 적합하지 않은 경우가 있어요.
형태에 따른 분류를 하면 위가 넓고 아래로 좁아지는 기본 형태와 단지 형태의 항아리, 사각, 목이 길고 아래로 좁아지는 단지형태의 호리팟 등을 나눌 수 있어요. 물을 좋아하고 뿌리 번식이 좋은 식물의 경우 입구가 좁은 화분 형태는 분갈이를 할 때 어려움이 생길 수 있으므로 식물의 성장 속도를 고려해 화분 형태를 선택합니다.
이 외에도 애니메이션 등의 캐릭터를 바탕으로 만든 캐릭터화분이 있어요. 화분 용도로 만들어졌지만 형태나 색감의 개성이 강해서 식물을 직접 식재하는 것보다는 가드닝 공간에 소품으로 활용하면 식물과 어우러짐이 좋아요.

이제는 제가 기르고 있는 식물과 어떤 종류의 화분이 잘 맞는지 알아야겠군요!

맞아요. 이렇게 화분의 특성을 파악했다면 다음으로는 내가 분갈이 할 식물이 어떤 종류인지를 구분해야 해요. 다양한 식

물의 종류 중 어디에 해당하는지를 알아야 해요. 식물 종류마다 성장의 속도에 차이가 있고 이로 인한 흙과 물의 양이 달라서 화분 선택의 기준이 되기 때문이에요. 예를 들어서 침엽수와 괴근식물을 구입해서 분갈이를 한다면 침엽수와 괴근식물이 각기 다른 특성을 가진 것을 고려해 화분을 고르면 됩니다. 침엽수는 성장도 좋은 편이며, 비교적 물을 많이 주는 식물이에요. 그 부분을 고려한다면 앞으로의 성장이나 물을 주는 양 등을 생각해서 화분을 너무 딱 맞는 것보다 넉넉한 크기를 선택하고, 다음 분갈이를 위해서 윗부분이 너무 좁은 형태보다는 위는 넓고 아래는 좁은 기본형이 좋아요. 반면 괴근식물은 휴면기가 있으며 성장이 느린 식물이에요. 그렇기 때문에 큰 화분보다는 식물 부피에 맞는 크기를 선택합니다. 괴근이 실재의 뿌리 외에 윗부분에 개성있는 덩어리를 감상하는 식물이므로 괴근의 모양을 고려해서 화분을 선택합니다.

토분을 좋아해서 식물을 토분에 심었는데, 표면이 시커멓게 변하고 얼룩이 생기는 것은 무엇 때문인가요? 원래의 색을 유지하며 식물을 키울 수는 없나요?

토분은 표면에 유약을 발라 구운 일반 도자기 화분과 달리, 흙을 1,000도 이상의 고온에서 구운 화분이에요. 토분은 수입토분부터 국내 일반기계토분, 손으로 물레를 돌려 만든 수제토분 등이 있고, 저마다 다른 특성을 갖고 있어요. 만든 국가나 방법에 따라서 가격 차이는 크지만, 식물이 자라는 데는 큰 차이가 없다고 볼 수 있어요. 하지만 일부 낮은 온도에서 구워 만든 토분의 경우 시간이 지날수록 표면이 부서지고 금이 가는 경우도 있어요.

토분 표면은 심은 식물의 종류와 사용한 흙, 물을 주는 횟수 등에 따라서 원래의 모습과 다르게 변해요. 검은 얼룩이 생기거나, 백화 현상, 이끼 등이 생길 수도 있어요. 표면의 변화가 생기는 주요 원인은 식물을 식재하고, 물을 주고 화분 속의 흙에서 나온 여러 가지 물질을 만나서 변화가 오기 때문이에요. 적당한 백화 현상과 이끼는 자연스럽다고 생각할 수도 있지만 지나친 오염은 눈에 거슬릴 때가 있어요. 이런 변화가 생긴 토분을 처음처럼 되돌리기는 어려워요. 하지만 세척을 통해 가벼운 오염은 대부분 없앨 수 있어요. 우선 토분 안의 흙을 모두 털어내고 물과 베이킹소다, 식초를 7:2:1 정도로 섞은 후 3~5시간 정도 담갔다가 뜨거운 물로 헹구면 됩니다.

토분 표면의 변화는 줄이고, 원래의 색감을 유지하고 싶다면 물을 적게 먹는 선인장과 다육식물, 제라늄, 괴근식물 등을 식재하는 것도 방법이에요.

햇빛이 많이 들어와야 식물이 잘 자란다고 들었어요. 햇빛이 식물에게 그렇게 중요한가요? 식물을 키울 때 가장 좋은 햇빛의 양은 얼마나 되나요?

직접적인 장소 이동을 하기 어려운 식물에게 에너지는 매우 중요해요. 생명을 유지하고 각종 생장활동을 하기 위해서 에너지가 필요한데요. 그 에너지는 다양한 방법으로 만들어요. 그 중에 하나로 꼽을 수 있는 것이 바로 햇빛이에요. 식물은 태양에서 얻을 수 있는 빛에너지를 이용해 다양한 성장활동에 이용해요. 즉 식물은 빛의 작용에 의해서 유기화합물이 합성되는 화학현상인 광합성을 통해 성장하며 건강을 유지해요. 식물의 광합성 작용은 강한 빛을 받을수록, 또 온도가 35도에서 가장 활발하게 일어나요. 따라서 흐린 날이 많은 겨울보다 맑은 날이 지속되는 여름에 더 많은 산소와 포도당이 생겨요. 그래서 날이 더운 여름철에 식물이 더 울창하게 자라죠.

실내에서 키우는 식물은 항상 햇빛이 부족한 경우가 생겨요. 특히 아파트 베란다나 일반주택의 실내에서는 야외 공간과 달리 유리창 쪽에서 제한적으로 햇빛이 들어오는 경우가 많아요. 열매 수확을 하는 관실식물이라면 강한 햇빛인 직사광선이 많이 필요하지만 일반 관엽식물의 경우 좋은 빛의 밝기는 반음지라고 할 수 있어요. 반음지, 양지, 직사광선 등의 차이를 알고 식물관리를 하면 됩니다.

식물을 위한 햇빛의 종류

- **직사광선** : 햇빛이 다른 구조물의 통과없이 정면으로, 바로 비추는 햇살을 말해요.
- **양지** : 햇빛이 바로 드는 곳을 말해요.
- **반음지** : 양지와 달리 절반정도 그늘이 생기는 곳을 말해요.
- **음지** : 햇빛이 잘 들지 않는 그늘진 곳을 말해요.

강한 햇빛을 오래 받으면 손상을 입는 식물도 있나요?

햇빛을 많이 받는다고 해서 모든 식물이 좋은 영향만 얻게 되는 것은 아니에요. 음지성 식물을 햇빛이 강한 양지에서 키우면 형태적인 변화가 생기는데 잎의 크기가 작아지고, 줄기의 마디가 지나치게 짧아지며 줄기는 굵어져요. 또 엽록소의 수가 감소되거나 파괴되어 황색으로 변해 고유의 빛깔을 잃어버리기도 해요. 반대로 양지 식물을 음지에서 키우면 잎의 면적은 넓어지면서 두께는 얇아지고 잎의 수가 줄거나 잎색도 변하며 새로 생긴 줄기나 잎이 가늘어지며 웃자라는 현상을 보이기도 해요. 다육식물이나 선인장, 제라늄 등은 한여름 30도 이상의 높은 기온에 직사광선을 오래 받으면 손상을 입어요. 반면 침엽수나 여러 관실식물은 강한 햇빛에 더 건강하게 유지돼요.

햇빛의 양에 따라 키우기 좋은 식물의 종류

- **강한햇빛에서 키우기 좋은 식물** : 율마, 국화, 목마가렛, 꿩의비름(불로초), 황금짜보와 청짜보, 편백종류, 라인골드, 썰프레아, 블루아이스, 삼색버드나무, 동백, 황칠나무 등
- **음지, 빛이 적은 곳에서도 잘 자라는 식물** : 개운죽, 고무나무, 홍콩야자, 관음죽, 스파트필름, 드라세나, 마지나타, 신홀리페페로미아, 필레아 페페로미오이데스, 싱고늄, 안스리움, 접란, 파키라, 셀렘, 보스톤줄고사리, 더피 등

최근에 LED 식물등도 많이 사용해 키운다고 하는데요. 햇빛이 부족할 때 도움이 될까요? 백열등이나 형광등과 차이가 있는지도 궁금해요.

아파트나 일반주택, 원룸, 오피스텔 등 저마다 공간이 지닌 특성이 달라요. 그러다보니 햇빛이 적게 들어 식물 키우기에 어려움을 겪는 분들이 있어요. 햇빛, 즉 태양이 내뿜는 빛은 어떤 인공적인 빛과 비교할 수 없을 만큼 강해요. 그 정도의 빛을 내지는 못하지만 햇빛이 부족하다면 식물전용 LED(Light emitting diode)등을 이용할 수 있어요. LED는 반도체 양극에 전압을 가해 발광 효과를 내도록 하는 방식이에요. 수명이 길고 백열등이나 형광등에 비해 광효율이 높고, 전력소비량이 적어 과수재배는 물론 홈가드닝에서도 유용하게 사용할 수 있어요. 백열등이나 형광등은 시간당 단위 면적에 방출되는 방사

에너지인 광도(光度)가 약해서 식물의 잎색이 옅어지거나 얇아지는데 반해 잎의 면적은 넓게 변하고 줄기는 가늘어지는 형태를 보일 수 있어요. 일반적인 가정용 전등인 백열등, 형광등과 달리 식물전용등은 강한 햇빛을 좋아하는 식물보다 반음지식물이나 빛이 조금 적어도 괜찮은 식물에 키우면 효과적이에요. 이처럼 식물등을 사용하면 부족한 빛을 제공하고 그만큼 식물도 건강을 유지하며 예쁘게 볼 수가 있어요.

LED 식물등이 홈가드닝에 도움이 되는군요. 그렇다면 어떤 종류가 있고, 어떻게 사용하는 것이 좋을까요?

수요가 늘어나서 요즘 나오는 식물등의 종류가 다양해졌어요. 긴 막대 형태는 물론, 전구모양의 식물등, 날개모양등도 있어요. 막대형태의 LED 식물등은 선반 등에 별도의 고정을 한 후 사용할 수 있는데 식물이 균일하게 빛을 받을 수 있다는 장점이 있어요. 알전구형태의 식물등은 별도의 소켓을 구입할 수도 있고 기존 소켓이나 레일 조명 등에 꽂아 사용할 수 있어요. 편리하게 이용할 수 있지만 적용되는 식물의 범위가 제한적이에요.

식물등은 광도가 높은 햇빛을 대신할 수는 없지만 창이 있지만 빛이 적게 들 때, 기온이 많이 내려가는 겨울철 창가의 식물, 카페나 식당 등 상업공간에 활용하기 좋아요. 인테리어 효과를 위해 식물테이블을 만든 경우 LED등을 설치하면 아늑한 분위기까지 연출할 수 있어요. 공간 환경이 허락한다면 전구 하나보다는 조금 낮은 와트(W)의 전구를 여러 개 설치하는 것이 좋아요. 또 식물에게도 빛을 받지 않고 쉬는 시간이 필요하므로 24시간 내내 켜두는 것보다 등의 개수나 식물과의 거리 등을 고려해 5~6시간 정도만 사용합니다. 지나치게 오래 켜 놓은 경우 전구의 표면이 뜨거워지는 등 문제가 생길 수 있어요.

선인장이 처음과 다르게 모양이 이상하게 변하는데, 예쁜 모양으로 키울 수는 없을까요?

성장기에 햇빛이 부족한 경우 선인장은 곧게 자라지 못하고 윗부분이 가늘어지며 균일한 모양을 잃어가요. 가느다란 조직의 선인장이라면 햇빛이 부족할 때 길고 가늘게 웃자랄 수 있으므로 햇빛이 잘 드는 곳에 둡니다. 빛이 부족한 곳에서 키우는 선인장의 모양이 걱정이라면 줄기 형태가 자연스럽게 자라는 춘봉철화나 구름새, 유포비아 같은 종류를 선택합니다. 철화는 원래의 형태와 달리 주름잡은 것처럼 옆으로 퍼지거나 굽이치는 형태를 하고 있어서 웃자라거나 그로 인해 모양이 변하는 것에 대한 걱정이 적어요.

키우던 식물이 너무 자라면 가지치기를 해야 한다는 이야기를 들었습니다. 가지치기는 왜 해야 하나요?

식물은 저마다 특성에 맞는 고유의 수형이 있어요. 하지만 자연스럽게 두는 것 만으로는 그 수형을 적당히 유지할 수 없어요. 즉 식물은 스스로 줄기나 잎, 가지 등을 조절하며 자라기 어려워요. 그래서 꼭 필요한 게 바로 가지치기예요. 특히 한해살이 식물이 아니라면 가지치기는 더 중요하고 적절한 시기에 해주는 것이 필요합니다. 즉 가지치기는 넓은 정원에 식재한 정원수나 가로수가 아니라도 많은 원예용 식물에게도 필요한 관리예요.

가지치기는 식물과 그 적용방법이 아주 폭넓어요. 완벽하게 가지치기 방법을 알고 모든 나무에 적용하는 것은 쉽지 않지만 내가 키우는 식물에 꼭 필요한 부분은 기본적인 것을 알고 직접 하면 좋아요. 단순히 수형을 멋지게 만들기 위한 것도 포함할 수 있지만 그 이전에 식물이 실내외의 장소에서 적절한 부피를 유지하고, 병충해를 예방하며, 시간이 지날수록 더 건강하게 자라도록 하는 목적이 있어요.

가지치기는 언제, 어떻게 해야하나요?

가지치기를 할 때는 정원수는 물론, 베란다 등에서 키우고 있는 식물의 종류를 잘 파악한 후 적절한 시기를 선택합니다. 처음부터 잘하기는 쉽지 않을 수 있어요. 우선 키우고 있는 식물이 어떤 종류인지, 계절에 따라 어떻게 성장하는지 알고 가지치기를 할지 정합니다. 기본적인 내용을 알면 가지치기를 보다 올바르게 할 수 있어요.

낙엽수는 잎을 떨구고 난 후 휴면 중일 때가 적합합니다. 일 년 내내 무성한 잎을 볼 수 있는 상록수는 새로운 햇가지가 나기 전 2월에서 3월 사이가 좋아요. 침엽수는 겨울이 끝날 무렵이나 초봄에 가지치기를 합니다. 성장할수록 잎이 빼곡하게 차는 특성이 있는 침엽수를 집 베란다 등에서 관상용으로 키운다면 해를 거듭할수록 적절한 손질이 필요해요. 특히 측백나무류는 방치하면 겉에서는 잘 보이지 않지만 속가지가 갈색으로 변하고 마르면서 상합니다. 꽃을 관상하는 수종은 꽃이 진 후에 가지치기를 합니다. 자칫 시기를 못맞추면 꽃눈이 손상되기 때문이에요. 꽃이 피는 시기에는 햇가지가 단단해지므로 꽃이 진 후 바로 하면 좋아요. 동백나무는 꽃봉오리가 생기는 가을부터는 가지치기를 하지 않거나 주의해야 합니다.

식물마다 가지치기 하는 방법이 따로 있나요?

가지치기는 방법에 따라서 솎음 가지치기, 절단 가지치기, 깎아 다듬기가 있어요. 솎음 가지치기는 주로 뿌리가 있는 지면에서 여러 개의 줄기가 자라는 포기형 식물에 하는 방식입니다. 식물 밑 부분에서 시작해 전체적으로 잔가지의 수를 줄이는 방법이에요. 전체적인 모양을 유지하면서 불필요하거나 많은 가지 중 일부를 잘라냅니다. 또 한쪽으로 자라는 가지나 서로 얽히거나 겹쳐진 가지 중에서 불필요한 가지를 자릅니다.

절단 가지치기는 가지를 중간 이상의 부분에서 짧게 자르는 방법이에요. 지나치게 부피가 커지거나 위로 많이 자라는 식물 종류에 하면 좋아요. 너무 많이 잘라서 수형이 부자연스러워지거나 자른 부분에서 가지가 나오지 않는 상황이 생기지 않도록 종류에 따라서 선택이 필요한 가지치기예요.

마지막으로 깎아 다듬기가 있습니다. 표면을 전체적으로 한꺼번에 밀어주듯 자르는 방법입니다. 야외 정원의 울타리나 가로수 등에 밀집되어있는 키작은 나무들이 시각적으로 어우러지도록 자르는 방법이에요. 멀리서 보면 정돈된 듯 단정하게 보이지만 가까이서 보면 잎과 잔가지 구분 없이 한꺼번에 자르기 때문에 단독으로 키우는 침엽수나 관실식물, 남천 같은 식물 등에는 적합하지 않아요.

가지치기를 할 때는 어떤 용품이 필요한가요?

가지치기를 위해서는 전정가위, 꽃가위, 비교적 큰 정원수나 침엽수 등 넓은 면적을 자르는데 수월한 양손가위, 전정톱, 나무의 자른면을 보호하는 도포제 등이 필요해요. 특히 도포제는 부피가 어느 정도 있는 큰 나무의 가지를 쳤을 때, 자른 면을 보호하는 역할을 합니다.

식물을 번식시킬 수 있다고도 들었어요. 모든 식물의 번식이 다 가능한가요?

식물이 자신의 개체를 늘리는 것을 번식이라고 해요. 농사나 대규모 농장이 아닌 홈가드닝을 할 때도 종류에 따라 여러 목

적과 방법으로 번식할 수 있어요. 식물의 번식은 크게 수분 수정에 의해서 만들어진 종자를 통해서 번식하는 유성번식과 식물체의 몸체를 분리시켜서 무성적으로 늘리는 무성번식으로 나뉩니다.

종자를 통한 번식은 수꽃의 화분과 암꽃의 난세포가 결합하여 만든 종자에 의한 번식으로 꽃에서 채종한 씨앗이나 열매에서 얻을 수 있어요. 완전히 영글지 않은 미성숙 상태인 씨앗이나 열매의 경우 발아율이 떨어지거나 발아하지 않는 경우도 있어요. 종자는 주로 채취 후 몇 주 이상이 지나면 발아율이 떨어지는 단명종자와 1~3년까지 발아력을 갖는 보통종자, 몇 년이 지나도 발아력이 유지되는 장명 종자로 구분할 수 있어요. 대부분의 원예식물은 보통종자에 속하며 종자를 잘 번식하는 상태로 보관하기 위해서는 온도가 5~10℃, 습도 50~60% 정도로 유지하면 보존력이 길어져요. 종자를 파종할 때 발아력을 높이기 위해서는 적당한 빛과 20℃ 내외의 온도, 수분, 토양의 산소 등이 필요해요.

'잎꽂이', '꺾꽂이' 이런 단어를 종종 들었어요. 번식 방법 중 하나인가요?

맞아요. 종자번식이 아닌 무성번식으로 식물의 재생 기능을 이용한 방법이에요. 주로 잎과 줄기, 뿌리 일부를 분리해서 완전한 독립개체를 만드는 삽목(삽수)과 접목을 말해요. 삽목(cutting)은 식물의 영양 기관인 잎, 줄기 뿌리의 일부를 잘라서 배양토에 꽂은 뒤 새로운 뿌리인 부정근을 발생시켜 완전한 독립개체로 키우는 방법이에요. 꺾꽂이라고도 하는데 식물호르몬인 옥신이나 발근촉진제를 절단면에 묻혀 배양토에 꽂으면 조금 더 쉽게 번식할 수 있어요. 삽수를 만들 때 목본류는 너무 굵은 것보다는 가는 것, 지나치게 긴 것보다 짧게 길이조절을 하고 꽂을 때는 삽수 길이의 ·1/2~1/3이 용토 속에 묻히도록 합니다.

베고니아, 아프리칸바이올렛 등에 많이 이용되는 잎꽂이는 엽삽이라도 부르는데 삽목 성공률도 높아요. 삽목 개체의 발근을 촉진하는 방법으로는 미스트샵(mist cutting), 밀폐샵(moist chamber cutting), 발근촉진제 사용이 있어요. 미스트샵은 삽목상에 수시로 안개를 뿜듯이 물을 공급해 공중습도를 높이고 바닥은 일정한 온도가 유지 되도록 조절해 뿌리가 잘 나도록 하는 번식 방법이에요. 밀폐샵은 삽목상의 습도를 잘 유지하는 방법으로 주로 비닐하우스나 작은 유리온실 등을 만들어 바람이나 습기가 통하지 않고 밀폐시켜 반그늘 상태를 만들고, 상토의 온도를 15~20℃로 유지해 진행합니다.

그 외에도 접목(접붙이기, grafting)이 있어요. 식물의 재생력을 이용하여 번식시키는 방식으로 뿌리가 있는 아래쪽 대목과 원하는 위쪽에 붙일 접수를 유착시켜 하나의 새로운 독립개체를 만드는 방식이에요. 접목은 대량번식이 어렵고 전문적인 기술이 필요해요.

조직배양(tissue culture) 방식도 있어요. 인위적으로 조성한 영양분이 함유되어 있는 배지에 식물의 종자, 배, 기관, 조직, 세포 및 원형질제를 무균상태에서 영양번식 시키는 방법으로 균류, 세균 및 바이러스 등에 감염되지 않은 개체를 만들 수 있어요. 백합 같은 꽃식물과 당근 등의 채소류 등 다양하게 이용되지만 전문적이고 체계적인 관리가 필요해요.

이처럼 대형농장에서는 식물의 종류에 따라서 다양한 번식 방법을 이용해서 더 많은 양을 생산해요. 하지만 홈가드닝에서는 모든 번식 방법을 이용하는데 환경적인 제약이 있어요. 집에서 식물을 키우면서 어렵지 않게 번식 할 수 있는 방법은 직접 채종한 씨앗을 발아해 심거나 가지치기한 줄기를 삽목하는 것이에요.

공중식물, 에어플랜트는 별도의 화분과 흙 없이도 잘 사는 식물이 맞나요? 정말 판매처의 말처럼 아무 곳에나 그냥 두기만 해도 되고, 물을 주지 않아도 되나요?

관리하기 쉽고 색다른 분위기를 연출하는 식물로 에어플랜트가 빠지지 않아요. 그래서 상업공간이나 사무공간, 거실 창가 등에 많이 걸어서 키우는 식물이 에어플랜트예요. 하지만 화분도 흙도 없이 키울 수 있다고 해서 아무곳에서나, 물이나 별도의 관리가 없어도 잘 자라는 것은 아니에요. 에어플랜트(공중식물)로 불리는 틸란드시아는 파인애플과에 속하며 중남미가 주원산지로 일반적인 식물과 달리 화분이나 흙이 없이, 공기 중의 유기물과 습기, 미세먼지를 흡수하며 살아요. 처음 접하는 분이라면 흙도 화분도 없이 식물이 성장한다는 것이 선뜻 이해되지 않을 수도 있어요. 요즘은 전보다 더 많은 분들이 에어플랜트를 키우고 시중에서도 다양한 종류를 만날 수 있어요. 초창기에 유통될 때는 '흙도 분갈이도 필요 없고, 아무데다 두기만 해도 잘 자란다'는 말과 함께 관리가 필요 없는 쉬운 식물로도 인식되었어요. 하지만 이건 사실과 조금 달라요.
틸란드시아는 비가 적게 오는 건조한 지대부터 고산지대, 열대우림 등 다양한 환경에서 살던 식물이에요. 원산지에서는 척박한 환경에서도 자생할 만큼 강하고 환경에 적응하는 능력이 뛰어난 식물로 알려져 있어요. 특히 유통되면서 미세먼지를 잡고 공기정화에 좋은 식물로 인식되었지만 틸란드시아가 물을 주지 않고 별다를 관리가 없어도 잘 자라는 것은 아니에요. 적응력이 좋은 것은 원산지, 야생식물로 기본적인 그 환경에서 자생할 때에 가능해요. 원예용으로 수입, 번식되는 틸란드시아는 대부분 꽃집이나 온라인 유통업체를 통해서 일반가정이나 상업공간 등 자생하던 곳의 환경과 많이 다른 곳에서 생활을 하게 돼요. 아직도 꽃집이나 온라인 등에서 틸란드시아는 아무 곳에나 그냥 두기만 해도 잘 자란다고 하는 경우가 있어요. 원산지와는 다른 환경이라는 부분을 생각해서 적절한 빛과 영양이 필요하고 키우는 장소의 올바른 선택은 물론 습도, 온도에 따라서 필요한 수분을 공급해야 오래 키울 수 있어요.

에어플랜트를 키우기 좋은 장소와 올바른 물주기 방법이 궁금합니다.

에어플랜트는 강한 햇빛을 피해서 밝은 빛이 있는 곳이 좋아요. 특히 9월부터 5월까지는 햇빛이 좋아야 잎 표면의 은빛이 건강하며 다양한 영양 활동을 할 수 있어요. 실내보다 통풍이 잘 되는 장소에 걸어서 키우면 됩니다. 자연광이 적은 실내에

서 잠시 키우는 것은 건강에 큰 문제가 없지만 오랫동안 실내에서만 키우면 잎의 은빛이 줄고 색도 어둡게 변할 수 있어요.
수분도 주기적으로 공급하는 것이 좋아요. 키우는 종류와 장소, 습도, 계절에 따라 조금씩 차이는 있지만 물을 전혀 주지 않으면 수분이 빠지며 작아지거나 말라서 손상이 올 수 있어요. 특히 안드레아나와 유스네오데스처럼 조직이 가늘거나 길게 늘어지는 종류는 자체에 수분을 적게 저장하고 있어요. 그러므로 겨울 등 건조한 계절에는 5~7일 정도에 한 번 흠뻑 물을 뿌립니다. 유스네오데스처럼 잎이 빼곡한 에어플랜트라면 속까지 햇빛과 수분관리를 잘 해야 마르는 부분이 없이 건강해요.

화분에 식물과 함께 자라는 이끼는 어떻게 하나요? 식물에 해를 입히지는 않나요?

토분의 표면이나 식물이 자라는 화분에 이끼가 저절로 생기는 경우도 많아요. 해와 물이 적절하고 식물이 잘 자라면 토분의 표면이나 흙 위에 자라요. 화분에 생긴 이끼가 식물과 잘 어우러지며 식물의 성장에 큰 방해를 하지 않는 경우라면 일부러 없애는 것보다 함께 키워도 괜찮아요. 화분에 생긴 이끼도 종류가 다양한데 우산이끼의 경우는 물을 흡수하는 양이 많아요. 화분 흙 위에 우산이끼가 너무 많다면 이때는 우산이끼를 조금 걷어내 주세요.

다양한 이끼를 키우는 사람들도 늘었다고 들었어요. 보통의 식물과 다른 모습인데, 이끼도 식물인가요?

사람들에게 뿌리와 줄기, 잎이 있는 식물은 익숙하지만 이끼는 보통 식물과 비교하면 차이가 나요. 그래서 이끼도 식물일까? 하는 생각을 하게 되죠. 이끼도 식물의 한 종류로 '선태식물(蘚苔植物)'이라고 해요. 지금으로부터 약 5억 년 전, 지구의 생명체 중에서 최초로 육상에 정착한 생물로 알려져 있어요. 선태식물은 선류(蘚類), 태류(苔類)를 포함해서 약 2만 3000종으로 이루어진, 최초로 육상생활에 적응한 식물군으로 흔히 '이끼식물'로 불러요. 즉 선(蘚)이나 태(苔)는 모두 이끼라는 뜻이에요. 식물의 분류학상으로는 양치식물과 가깝지만, 식물체내에서 수분이나 양분 등의 통로 역할을 하는 통도조직은 발달해 있지 않아요. 또 이끼의 몸은 잎과 줄기의 구별이 있거나, 편평한 엽상체로서 조직의 분화는 적고, 가는 털과 같은 헛뿌리가 있어요.
이끼류는 관다발이 발달하지 않아서 높이 자랄 수가 없으며 주로 땅을 기면서 자라거나 다른 식물의 줄기나 가지에 자라기도 해요. 이런 구조 때문에 주로 축축하고 습한 곳에서 잘 자라요. 이런 이유로 물속에서 살던 원시적인 식물이 유지로 진화해가는 중간 단계의 생물이라고 보는 경우도 있어요.
이끼와 비슷한 식물로 혼동되는 종류로 양치식물, 조류와 지의류가 있어요. 조류는 개울가나 농수로 같은 얕은 물속에서 가늘고 길게 늘어져 있는 녹색 실같은 해캄이에요. 물고기를 키우는 어항이나 수족관 등에 생기는 것을 흔히 볼 수 있어요. 흔히 이끼라고 하지만 정확히는 조류예요. 지의류는 단일한 생물체가 아니며 광합성을 하는 미생물인 진핵 미세조류 또는 남세균과 종속영양으로 살아가는 미생물인 균류 간 상리공생체예요. 지의류는 주로 암석, 나무표면, 식물뿌리, 토양표면 등 다양한 곳에 서식하며 식물뿐만 아니라 균류나 조류 등 미생물로 단독으로 살 수 없는 척박한 환경에서도 생존해요. 양치식물은 꽃과 종자 없이 포자로 번식하는 식물을 말해요.

주로 어떤 종류의 이끼를 관상용으로 키우나요?

이끼도 종류와 특성, 모습이 다양해요. 씨앗 등으로 인공재배한 후 시중에서 판매하는 종류 중에 비단이끼가 가장 유명해요. 비단이끼는 테라리움 등 다른 식물과 사용하면 더 멋스러운 분위기를 연출해요. 다양한 이끼의 개성을 알게 된다면 가드닝에서 이끼가 더 특별하게 느껴져요.

이끼의 종류

- **선류** : 이끼 중에서 가장 진화한 형태라고 볼 수 있는 솔이끼가 대표적이에요. 뿌리와 줄기, 잎이 비교적 뚜렷해요. 대부분 선류의 잎에는 중륵이라고 불리는 잎맥이 따로 있어요. 선류 중에서 솔이끼와 돌이끼는 암그루와 수그루가 따로 있는 경우도 있고, 꼬마이끼나 명주실이끼처럼 한 개체에 두 기능을 하는 부분이 있어요.
  연구자들은 생김새에 따라서 선류를 줄기가 바로서는 직립성(直立性) 이끼와 주로 바닥면을 따라서 자라는 포복성(匍匐性) 이끼로 나눠요. 직립성 이끼는 솔이끼, 꼬리이끼, 철사이끼 등이에요. 포복성이끼는 흙이 별로 없는 나무나 바위표면 등에서 많이 자라는데 양털이끼류, 깃털이끼류 등이 많고 서로 엉키듯 붙어있어 개체 분리가 쉽지 않아요. 포복성이끼는 중심인 배우체 줄기에 줄기잎, 헛뿌리, 가지잎이 있고 포자체는 포엽, 삭병, 삭으로 구성되어 있어요. 이끼의 잎모양이나 잎맥 등을 자세하게 관찰하기 위해서는 현미경이 있으면 좋은데 이때는 잎의 세포까지도 볼 수가 있어요.
- **태류** : 우산이끼로 대표되는 이끼의 종류예요. 다른 이끼에 비해서 비교적 줄기와 잎이 명확하게 구분되지 않고 경계도 뚜렷하지 않은 넓은 잎이 있어요. 하지만 태류는 우산이끼 종류만 있는 게 아닌 세줄이끼나 날개이끼 같이 잎과 줄기가 구분이 되는 이끼도 있어요. 선류에 비해 모양이 가늘고 부드럽고 약해서 외부 충격이나 환경에 의해 쉽게 물러지기도 합니다.
- **각태류** : 뿔이끼라고도 하는 각태류는 넓은 잎 같은 엽상체 위에 뾰족한 뿔같은 것이 솟아 있어서 붙은 이름이에요. 시간이 지나면서 이 부위가 길어지고 포자체가 되고 포자를 뿌려요. 포자체가 자라지 않은 각태류는 넓은 잎 모양의 엽상체만 보여 얼핏 보면 태류와 혼동될 수 있어요.

학명은 무엇인가요? 같은 식물인데 부르는 이름이 다른 경우가 있어서 헷갈릴 때가 있어요. 어떤 것을 기준으로 해야 같은 식물인지 알 수 있을까요?

벤자민고무나무 *Ficus benjamina*
속명 종소명(품종명)

학명(學名)은 세계적으로 부르는 공통적인 식물의 이름을 말해요. 학명과 원산지, 표기 방법에 대한 규칙을 이해하면 식물을 키우는 즐거움은 물론 식물에 대한 안목을 넓힐 수 있어요. 학명은 스웨덴의 식물학자 칼폰 린네(Linne)가 고안한 이명법(二名法)을 쓰고 있어요. 이명법은 속명과 종소명(품종명)을 쓰고 그 뒤에 이름을 붙인 학자의 이름을 적는데 학자의 이름은 생략하기도 해요.

학명을 통해 식물의 고향인 원산지와 기본 성질을 알 수 있어요. 학명의 표기 방법에는 일정한 규칙이 있어요. 학명은 속명과 종소명으로 기본으로 구성되고 이 두 가지는 이탤릭체로 표기하는 것이 원칙이고 속명 첫글자는 대문자로 표기합니다.

예를 들어 벵갈고무나무의 학명은 '피커스 벵갈렌시스(Ficus benghalensis)'예요. '피커스'라는 그룹에 속하고 여기에 해당하는 식물로는 '피커스 움베르타(Ficus umbellata)', '벤자민고무나무(Ficus benjaminia)' 등 많은 종류가 있고, 상록성,낙엽고목과 덩굴성 식물까지 다양해요. 이 속에 해당하는 식물의 특징은 줄기에서 흰 유액이 나오는 특징이 있어요.

학명이 있지만 그것과 상관없이 각 나라마다, 때로 지역에 따라 다르게 불리기도 해요. 그 지역에서 보편적으로 불리며 시중에 유통되는 이름을 유통명이라고 불러요. 영문표기로 된 학명을 우리말로 옮기다가 간단히 유통명이 된 것도 있고 인삼판다처럼 그 모양의 개성에서 유통명을 유추할 수 있는 것 등 저마다 다양해요. 요즘 유통되는 식물은 종류가 워낙 다양하고 원산지 만큼 식물의 특성도 달라서 학명을 알면 식물의 특성을 이해하는데 도움이 돼요. 하지만 온라인이나 오프라인 등에서 일일이 라벨이나 원산지와 기본적인 정보를 확인하고 구입하는 것은 쉬운 일은 아니에요. 학명과 원산지 등의 확인이나 그것들이 번거롭게 느껴진다면 그 식물을 구입 후 기본이 되는 식물의 분류와 특성을 알고 키우면 좋아요.

식물 종의 종류

- **기본종(基本種)** : 생물의 어떤 종의 기준이 되는 종이에요. 세분화해서 나눈 종으로 돌연변이로 생긴 기본적인 분류단위도 포함됩니다.
- **변종(變種)** : 원래 갖고 있던 특성에서 모양이나 성질이 조금 다르게 변한 것을 일컬어요. 종의 하위 단계로 같은 종 내에서 자연적으로 생긴 돌연변이종을 변종(variey)이라고 하며 줄여서 var. 또는 v.로 표시해요.
- **품종(品種)** : 돌연변이종으로 기본종과 한두 가지 형질이 다른 것을 품종(form)이라고 하며 보통 줄여서 for. 또는 f.로 표시해요. 변종보다는 분화의 정도가 적은 하위 단계의 종이예요.
- **재배종(栽培種)** : 사람이 인공적으로 만든 품종 중에서 식용이나 관상용 등으로 다시 교배하여 생산한 것으로 cultivar이라고 하며 줄여서 cv.로 표기해요.
- **아종(亞種)** : 종의 하위 단계로 종이 지리적이나 생태적으로 격리되어 생김새가 달라진 경우에 그 종의 아종(subspecies)이라고 하며 학명 뒤에 아종을 쓰는데 줄여서 subsp. 또는 ssp.로 표기해요.
- **잡종(雜種), 교잡종(交雜種)** : 양친종의 종소명 사이에 'X'를 넣어서 표기해요.
- **유통명(流通名)** : 학명과 달리 그 지역 등 시중에서 공통으로 부르는 이름을 일컬어요.

칼 폰 린네(Carl von Linne, 1707~1778)

스웨덴의 식물학자로 생물 분류학의 기초를 만드는데 결정적인 기여를 하여 현대 '식물학의 시조'로 불려요. 대학에서 의학을 공부하고, 식물학자인 루드베크의 조수가 되었어요. 이후 네덜란드의 한 대학교에서 식물의 관찰, 분류학상의 문제에 대한 연구에 종사하며 "자연의 체계", "식물의 종"을 서술하고 약 4,000종의 동물, 5,000종의 식물을 다루었어요. 속명 다음에 종명 형용사를 붙여서 두 말로 된 학명을 만드는 이명법을 확립했어요. 그리고 변동에 대한 개념도 제시했어요.

식물의 학명과 원산지 등을 알려주는 기관이 있나요? 국가표준식물목록이라는 것을 우연히 알게 되었는데 이건 무엇이고, 어디서 작성되었나요?

식물 이름은 식물분류학의 연구 성과에 의해 정해지며, 라틴어 학명의 선택방식에 따른 국제적인 규약에 따라요. 더불어 계속되는 식물의 연구에 따라 그 명칭이 확실히 정해지지 않은 식물명도 존재해요. 지금까지 알려진 식물의 이름도 해석상의 차이에 의해 잘못 기록되어 일부에서는 문제나 혼란을 일으키기도 해요. 그래서 식물에 대한 표준화되고 통일된 식물목록(국명 및 학명)은 꼭 필요해요.

이렇게 혼란스럽게 통용되고 있는 식물의 이름을 표준화하고자 식물별 전문연구자가 최근의 분류학적 연구를 바탕으로 한 식물명을 정리하고, 국립수목원과 한국분류학회가 공동으로 구성한 국가식물목록위원회에서 이를 검토, 심의하여 결정, 정리한 것이 국가표준식물목록입니다. 이렇게 작성, 정리된 국가표준식물목록은 지속적으로 식물명에 대한 최근의 자료를 반영하여 관리되고 있으며, 중앙 DB화 작업을 통해 인터넷상에서 첨부파일의 형태로 다운받을 수 있도록 제공하고 있어요. 이로써 정부부처 및 관련 연구기관, 교육기관 등 일반 식물관련 전 분야에 걸쳐 작성된 통일된 식물목록을 사용할 수 있게 됩니다. 대표적인 정부기관 사이트는 국립수목원의 국가표준식물원, 농촌진흥청에서 제공하는 국가농업기술포털 '농사로', 환경부 국립생물자원관 생물다양성정보가 있어요.

참고) 산림청 국립수목원 국가표준식물원 http://www.nature.go.kr
농촌진흥청 농사로 http://www.nongsaro.go.kr
환경부 국립생물자원관 생물다양성정보 http://www.nibr.go.kr

요즘 취미로 홈가드닝을 하며 부수입을 올리는 사람들이 늘었다고 해요. '식테크'라는 말도 생겨났는데 정말로 재테크가 가능한가요?

자신이 집에서 키우는 식물이 잘 자라 번식을 시킨 뒤 온라인에서 판매하는 경우가 늘어나고 있어요. 꽃가게나 화훼단지 같은 사업자와 달리 온라인 플리마켓, 중고마켓 등에서 소소하게 판매하고 있어요. 특히 요즘 일부 특정 수입식물 중에서는 잎 하나에 어마어마한 금액인 것들도 있어요. 잎 한 장을 구입해 잘 키운 뒤 재테크를 꿈꾸는 분도 있는데요. 처음부터 너무 큰 돈을 들이는 것보다는 내가 잘 키우는 식물, 비용이나 관리에 무리가 없는 식물을 키우기를 추천합니다. 특정한 몇 종류의 식물이 고가로 판매되고 있다고 해서 무턱대고 그걸 사서 키우고 부수입을 올릴 계획이었다가 비싸게 구입한 식물만 죽어 속상해 하는 경우도 있어요. 본격적인 사업을 하는 경우가 아니라면 더 신중하게 선택하세요.

식물을 좋아해서 키우다보니 관련된 직업에도 관심이 생겼어요. 식물과 관련된 직업이나 자격증은 어떤 것이 있나요?

식물과 관련한 직업이 점점 늘어나고 있어요. 익숙한 꽃집이나 식물카페를 운영하는 것 이외에도 우리 주변에서 식물이 있는 편안하고 좋은 풍경을 볼 수 있도록 하는 조경사와 플로리스트, 나무의사, 원예치료사, 산림지도사, 식물보호산업기사, 식물작가 등 식물과 관련한 분야도 넓어요. 요즘은 여러 기업과 공공기관에서 많은 사람들을 대상으로 하는 식물강의도 활발해요.

플로리스트와 조경사는 어떤 점이 다른가요? 꽃집에서는 생화도 팔고 화분도 팔아서 같은 직업인 줄 알았는데요.

플로리스트는 일반 분화식물이 아닌 절단된 생화를 위주로 다루는 직업이에요. 꽃과 식물에 대한 다양한 지식을 바탕으로 공간을 꽃으로 디자인 하는 일을 해요. 공연과 행사, 기업이나 여러 상업공간의 인테리어로 빠질 수 없는 꽃으로 다양한 연출을 하는 직업이에요. 꽃을 사용하는 곳들이 늘어나며 주목받는 직업 중 하나라고 할 수 있어요. 플로리스트는 자격증을 취득한 후 꽃집을 운영하는 것은 물론 플라워스쿨 강사, 백화점과 호텔, 결혼식, 기업의 세미나와 연회장을 꽃으로 꾸미는 인테리어 작업 등 상황에 맞게 다양한 장식을 연출할 수 있어요.
가끔 드라마나 영화 등에서 플로리스트 직업이 주로 여유롭고 아름다운 이미지로 보여지는데요. 실제로는 그런 이미지와 다르게, 생각보다 더 다양하고 험한 일을 하고 있어요. 아름다운 것은 맞지만, 생각보다 더 힘들고 바쁘게 움직여요. 생화라는 특성상 보관기간이 짧아서 매일 새벽에 일어나 화훼도매시장에서 필요한 꽃과 자재들을 구입해요.
플로리스트의 손은 아름다운 꽃의 이미지와 달리 가시에 찔리거나 도구에 다친 흔적이 많아요. 그럼에도 불구하고 절화의 매력에 관심이 많은 분이라면 관련 자격증을 취득하여 다양한 활동을 하면서 보람을 얻을 수 있는 직업이에요.

식물을 통해 사람들을 치유하는 원예치료사라는 직업도 있다면서요?

원예치료사는 식물을 매개체로 이용해 사람의 마음을 치유하는 데 도움을 주는 직업이에요. 일반인은 물론 병원, 복지관을 이용하는 사람을 대상으로 식물과 함께 사람들의 마음을 편안하게 하는 것이 목적으로, 간접적으로 좋은 영향을 주고 있어요. 원예치료사는 자격증 취득은 물론 다양한 연령에게, 식물과 함께 원활하고 효과적으로 수업을 진행하는 것이 중요한데요. 대상에 따라서 심리적, 신체적인 여러 원인으로 스트레스와 아픔이 있는 사람의 마음을 편안하게 해서 치료에 도움을 줍니다. 그래서 원예치료사의 수요 증가와 함께 이를 희망하는 사람들이 늘고 있어요. 이런 상황에서 서로 다른 대상에게 효과적인 치료수업을 할 수 있는 능력을 갖는 것은 경쟁력이 되고 꼭 필요한 부분이에요. 치유 대상자에 맞는 원예식물을 찾고 함께 활용하며 효과적인 결과를 기대하기 위해서는 식물에 대한 지식과 그 식물을 효과적으로 활용할 수 있어야 합니다. 다른 어느 식물관련 직업보다 식물을 올바르게 이해하고 본인이 잘 키우고 관리하는 능력은 기본이며, 그것은 식물 지

식과 여러 감각과 어울릴 때 원예치료사로서의 능력은 더 커져요.
이처럼 누군가의 마음을 조금이라도 편안하게 하고 심신을 회복하는데 도움을 주는 원예치료사는 정말 특별한 직업의 가치를 갖고 있어요.

지금은 직장 생활을 하고 있지만 나중에 작은 꽃집이나 식물카페를 하고 싶어요. 취미로 즐기다가 전업할 수 있는 좋은 방법이 있을까요?

직장 생활을 하는 분이나, 미래에 전업을 생각하는 분들이 원하는 자영업의 종류는 많아요. 그 중에 손꼽히는 한 가지가 바로 꽃집이나 식물카페에요. 특히 식물카페는 카페 영업과 더불어 꽃집을 함께 할 수 있다는 것이에요. 식물로 카페 실내외 인테리어를 하면서 고객이 원할 때는 식물을 판매할 수도 있어서 장점이 많아요. 하지만 내가 고객으로 잠시 이용하는 것과 달리 단일 업종을 할 때보다 훨씬 많은 노력과 어려움이 있어요. 일하는 공간에 좋아하는 식물과 커피향이 있는 카페를 생각하면 그 자체만으로도 행복합니다. 어떤 일이든지 제대로 하기 위해서는 잠시도 쉴 틈 없이 바쁘고 힘들어요. 일반 카페와 달리 더 많은 식물이 실내에서 건강하게 자리 잡고 있어야하므로 그에 맞는 관리를 해야 하죠. 일반 꽃집과 달리 카페 영업을 하는 경우라서 물을 흡수하지 않는 건식 바닥인 경우가 많고, 인테리어적인 요소로 신경을 쓴 식물이 많아 더 세심하게 돌봐야 하는 등 여러 가지 노력이 필요해요. 하지만 다양한 식물을 잘 알고, 관리를 한다면 장점이 많은 일입니다.
만일 미래에 꽃집이나 식물카페 등을 계획하고 있다면 지금 내가 있는 공간에서 식물을 차근차근 키우며 식물에 대한 공부를 꾸준히 하는 것을 추천해요. 국내외의 다양한 식물 서적을 많이 읽어보고, 여러 가지 화분 및 소품에 대한 안목을 높이는 것도 미래의 나를 위한 부가가치를 높일 수 있는 방법이죠.

식물을 키우며 블로그나 인스타그램 등 SNS를 하는 분들이 많아요. SNS를 하면 좋은 점이나 주의할 점이 있나요?

스마트폰의 사용과 함께 SNS를 이용하는 사람들도 늘었어요. 요즘은 스마트폰만 있다면 어디서든 온라인 공간을 자유롭게 활용할 수 있기 때문이죠. 각 채널마다 다른 특성과 사용방법의 차이도 있어요. SNS의 장점은 쉽게 다른 사람이 올린 정보를 편하게 볼 수 있다는 것이에요. 하지만 SNS를 사용하면서 피곤을 호소하는 사람도 늘어나고 있어요. 그렇기 때문에 식물을 지속적으로 키우거나, 키울 예정이라면 특정 채널에 얽매이기보다 내가 사용하기 편하고 나와 식물의 일상을 부담 없이 기록할 수 있는 곳을 찾는 것이 좋아요.
만약 나와 함께 하는 식물의 일상을 다른 사람과 공유하는 것이 부담스럽다면 비공개로 기록하는 것도 가능해요. 이처럼 내가 키우고 함께 하는 식물의 사진과 간단한 글을 SNS에 올리면 비슷한 취미를 가진 사람들과의 정보 교류는 물론, 나중에 다시 보는 즐거움과 우리집 식물이 어느 정도 자랐는지 쉽게 볼 수 있어요.

Part 2

식물 곁에 더 가까이

식물이 있는 공간은 그곳이 어디든 활력이 느껴져요
시멘트벽을 타고 오르는 덩굴식물이 있는 경비실 앞을 지날 때면
바람에 반짝거리듯 팔랑이는 담쟁이잎이 마치 손을 흔드는 것 같아요.
하루종일 일을 하는 사무실,
손님들로 북적이는 카페와 식당,
집 베란다에서 매일 손길을 기다리는 식물들도
모두 마음속에 들어와 행복의 수분을 채워줍니다.

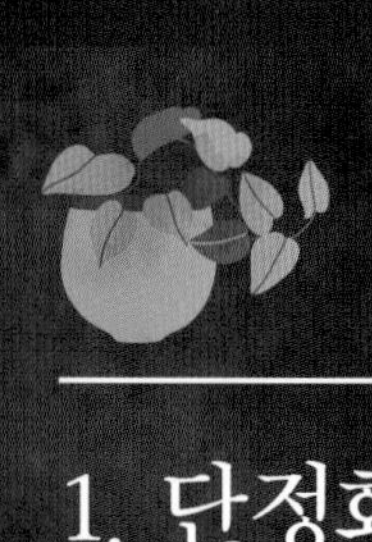

1. 단정화(*Serissa japonica*)

풍성한 잎 사이로 올망졸망 피는 잔꽃이 귀여운 단정화는 우리말로 '두메별꽃'이라고 부르기도 해요. 주로 중국 남부지역, 인도차이나에 분포하며 우리나라에서는 남부지방에 자생해요. 학명의 세리사(Serissa)는 속명으로 18세기 스페인의 식물학자 세리사를 기념하여 붙인 것이라고 해요. 꽃은 주로 4~6월 사이에 피는데 녹색 잔잎 위에 별이 떨어진 것 같은 느낌이에요.

근상으로 관리하며 키우는 단정화에요. 근상은 주로 분재로 키우는 식물의 수형을 더 돋보이도록 뿌리를 화분 속이 아닌 흙 위로 많이 돌출시켜 인위적으로 만든 방법이에요. 근상은 긴 시간을 두고 뿌리쪽 흙을 조금씩 파주며 위로 지속적으로 뿌리가 올라오도록 하는 것인데 수분관리를 잘 해야 건조로 인한 손상을 피할 수 있어요.

지줏대 활용으로 안정적으로 키우기

뿌리가 위로 돌출되고 위로 자라는 특성으로 나무가 잘 고정되게 굵은 와이어로 지줏대를 꽂아주는 것도 좋아요.

근상 단정화 물관리 잘하기

뿌리 전체를 화분 흙 속에서 넣어 키우는 경우와 달리 뿌리의 일부를 흙 위로 올려서 키울 때는 물이 마르지 않도록 관리를 잘 해주세요. 위로 솟은 뿌리에 자주 스프레이를 해주는 것도 좋아요.

궁금해요! 알려주세요

Q. 연보라빛 잔꽃이 좋아서 3년째 키우고 있어요. 하지만 구입하던 해를 제외하고는 2년 동안 꽃을 못보고 있어요. 무엇이 문제일까요? 영양제나 분갈이가 필요할까요?

A. 단정화를 키우는 장소의 햇빛 양을 체크해보세요. 단정화가 잎과 줄기 전체적으로 건강하다면 물관리는 잘 되지만 충분한 햇빛을 받지 못해서 꽃봉오리가 생기지 않을 수 있어요. 흙 위에 작은 알비료를 추가로 올려주면 서서히 녹아내려서 꽃이 필 때 도움이 될 수 있어요.

● 관리방법 ●

빛 : 밝은 빛을 좋아합니다. 햇빛이 부족하면 줄기가 길게 웃자라고, 잎이 커지며 꽃을 보기가 어려워요. 강한 직광을 피해 유리창을 한 번 통과한 빛이 드는 곳이 좋아요..

물 : 겉흙이 마르면 흠뻑 줍니다. 물이 부족하면 잔가지와 잎이 마르며 손상이 옵니다. 특히 꽃이 피었을 때는 흙이 너무 마르지않게 하고 꽃에는 물줄기가 닿지 않도록 해주세요.

가지치기 : 꽃이 진 후 아랫쪽 잔가지와 빽빽한 잎 주위로 손질을 합니다.

근상관리 : 근상으로 만들고 싶다면 시간차를 두고 위쪽의 흙을 아주 조금씩 파내듯 관리합니다. 한 번에 뿌리를 꺼내서 만드는 게 아니라 긴 시간이 필요합니다. 근상단정화는 특히 물 관리에 더 신경을 쓰고 뿌리가 한여름 강한 해에 너무 많이 노출되지 않게 해주세요.

2. 황금볼 미카도(*Syngonanthus chrysanthus 'Mikado'*)

작은 금색공을 머리에 달고 시원하게 뻗은 줄기가 개성있는 황금볼 미카도는 브라질 등 더운지역의 다년생 습생식물이에요. 물을 주다가 멈추고 가만히 보고 있으면, 애니메이션에 나오는 마법사의 요술지팡이로 변신할 것 같기도 해요. 그래서 잠시 현실과는 거리가 있는 즐거운 상상을 합니다. 작은 구슬을 닮은 줄기 끝의 황금색 꽃은 두 달 이상 볼 수 있는데 열대의 다습한 지역의 식물이라는 점을 고려해서 적절한 온도인 15~22도를 유지하면 오래 함께하며 그 개성으로 가드닝의 즐거움을 느낄 수 있어요.

궁금해요! 알려주세요

Q. 거실 TV옆에 놓고 키우는 황금볼의 줄기가 곧게 서지 않고 옆으로 꺾이는 듯한 현상을 보이고 있어요. 무슨 이유일까요?

A. 황금볼은 강한 햇빛은 좋아하지 않지만 지나치게 빛이 적은 곳에서도 줄기가 건강을 오래 유지하기가 어려워요. 2~3일에 하루 정도는 밝은 빛이 있는 베란다나 거실 창가쪽에서 빛을 충분히 받을 수 있게 해주세요. 화분과 물도 한 번 살펴보세요. 식재된 화분이 황금볼 부피에 적당하다면 물이 너무 부족해서 건조한 상태일 수도 있으므로 저면관수 등으로 수분 공급을 충분히 해주세요. 만약 빛이나 물 등 필요한 환경이 좋아도 황금볼은 시간이 지나면서 줄기가 꺾이며 시드는데, 풀과의 식물로 자연스러운 현상이에요.

관리방법

- **빛** : 강한 햇빛보다는 반그늘이나, 밝은 빛이 있는 곳에서 관리해주세요. 강한 해에는 줄기 끝이 마르고 손상이 빨리옵니다.
- **물** : 과습보다는 건조를 조심해주세요. 수분을 좋아하는 식물이므로 물마름으로 인한 줄기 손상이 생기지 않도록 관리해주세요. 물을 줄때는 줄기보다는 흙에 주거나 저면관수의 방법을 이용해주세요.

3. 시페루스(Cyperus)

큰 키에 하늘을 향해 가늘게 펼친 잎이 멋스러운 시페루스는 마다가스카르가 원산지인 여러해살이 풀로 주로 습지에서 자라는 식물이에요. 전세계에 600여종이 자라며 우리나라에는 원예품종으로 9종 정도가 있어요. 잎만 보면 관음죽과 비슷한 것 같지만 관음죽과는 차이가 많은 식물이에요. 관음죽의 잎이 비교적 넓은데 비해 시페루스는 가늘고 잎끝이 더 날카롭고 줄기의 키는 40~90㎝ 정도로 길게 뻗어요.

시페루스는 자생지에서는 무리지어서 습지에 자라며 예전에 이집트에서는 줄기의 섬유로 종이를 만들었던 시페루스(C. alternifolius)와 그 변종(var. gracilis)을 관상용으로 심어서 활용했다고 해요.

궁금해요! 알려주세요

Q. 처음 심었을 때와는 달리 시페루스가 화분에 꽉 차게 자랐어요. 잎끝이 마르는 줄기도 자꾸 생겨요. 분갈이를 해야할 까요?

A. 큰 화분으로 분갈이를 하는 것도 좋지만 기존의 화분에서 빼서 포기나누기를 하세요. 두 개 정도의 화분에 나누어 심으면 풍성하고 건강하게 볼 수 있어요. 너무 여러개로 포기나누기를 하면 풍성함을 느끼기 어렵고, 아래쪽 뿌리 근처의 줄기를 무리하게 나눌 수가 있어서 손상되는 줄기가 늘어날 수도 있어요.

● 관리방법 ●

- 빛 : 강한 햇빛을 피해서 반그늘이나 유리창을 한 번 통과한 빛이 있는 곳이 좋아요. 더운 계절, 강한 햇빛에는 화분의 흙이 지나치게 빨리 마르고 가는 잎끝이 타는 듯한 현상을 보일 수 있어요.
- 물 : 물을 좋아하는 습생식물로 건조를 조심해주세요. 저면관수 등으로 물을 주는 것도 좋아요.

4. 수국(*Hydrangea macrophylla*)

작은 꽃들이 모여서 하나의 큰 꽃볼을 완성하는 수국은 봄부터 한여름까지 풍성하게 볼 수 있는 대표적인 꽃식물이에요. 다양한 색상과 큰 꽃볼은 화분부터 부케와 꽃다발, 꽃바구니 등 폭넓게 이용되고 있어요. 한송이만으로도 탐스러워서 시간이 흘러도 대중적인 사랑을 많이 받는 꽃이에요.

수국은 산수국부터 시작해 다양하게 개량된 종류가 많아서 정원용으로 또는 집이나 상업 공간 등 그 특성에 따라서 선택해 키우기 좋은 꽃나무입니다. 학명이 그리스어로 'Hydrangea, 물'이라는 뜻일 정도로 꽃이 피면 물을 좋아합니다. 그 특성을 알고 관리하면 더 오래 수국의 아름다움을 느낄 수 있습니다.

꽃식물인 수국의 장점은 추위에는 강하고, 꽃이 피면 길게 볼 수 있다는 것이에요. 키우는 환경이나 관리방법에 따라서 차이가 있지만 1~3개월까지 볼 수 있어요. 꽃봉오리가 올라오는 시기를 포함하면 3개월 이상으로 아주 긴 편이에요. 그래서 수목원이나 식물원 등에서도 다양한 품종의 수국을 심어 군락지를 만들어 테마정원으로 가꾸고 있어요.

수국 꽃 색상에 숨은 신기함

수국의 꽃은 흰색부터 시작해 분홍, 자주, 보라, 청색 등 다양해요. 수국을 구입할 때와 달리 다음해에는 꽃 색상이 다른 것을 볼 수도 있어요. 수국의 꽃 색상이 변하는 것은 토양의 산도에 따른 것이에요. 뿌리로부터 흡수되는 양분에 따라서 안토시아닌계의 색소가 작용하며 산성이면 푸른색, 알카리성 성분이면 분홍색으로 나타납니다. 또 비료의 성분에 따라서 꽃 색상이 달라지는데 질소 성분이 적으면 붉은 계통, 질소 성분이 많고 칼륨(칼슘) 성분이 적으면 푸른빛깔을 더 많이 띄게 됩니다. 이탓에 '살아있는 리트머스'라는 별명도 갖고 있어요.

궁금해요! 알려주세요

Q. 화분에 심은 수국을 베란다에서 3년 째 키우고 있어요. 전체적으로 건강하게 자라는데 꽃이 피지 않고 있어요. 무슨 원인이며 어떻게 해야 꽃을 볼 수 있을까요?

A. 여러해살이 꽃식물인 수국이 꽃을 피우는데는 꼭 필요한 조건이 몇가지 있어요. 그 중에서 가장 중요한 두 가지를 꼽는다면 바로 햇빛과 물이에요. 꽃이 활짝 핀 후와 꽃이 지고 난 후에는 빛이 조금 부족해도 괜찮지만 꽃봉오리가 만들어지는 시기에는 많은 햇빛이 필요해요. 햇빛을 바로 받을 수 있는 야외 정원이나 전문적으로 관리를 하는 비닐하우스 농장과 달리 베란다에서는 꽃봉오리를 만드는데 필요한 햇빛의 양이 충분하지 않기 때문이에요. 꽃봉오리가 만들어지는 늦겨울부터 햇빛이 가장 좋은 곳에 놓거나, 야외 걸이대가 있다면 그곳에서 관리합니다. 만약 화단이 있다면 꽃이 진 후 땅에 심는 것도 좋아요. 개량품종이라도 겨울이 오기 전 땅의 힘이 좋은 곳에 식재하면 겨울을 잘 나고, 꽃도 건강하게 볼 수 있어요.

♣ 수국꽃의 개화

● 관리방법 ●

빛 : 햇빛이 아주 좋은 곳에서 건강하게 자랍니다. 꽃이 풍성하게 피고 건강한 잎을 유지하기 위해서는 그늘보다는 강한 햇빛, 밝은 빛이 많은 곳이 좋아요. 반면 꽃이 활짝 핀 후는 햇빛이 조금 적게 드는 곳으로 옮겨서, 꽃이 햇빛에 수분을 많이 뺏기지 않도록 해야 꽃을 길게 볼 수 있어요.

물 : 과습보다는 건조를 조심해야 합니다. 흙에 물을 충분히 주세요. 계절이나 환경에 따른 차이는 있지만 꽃봉오리가 생겼을 때는 특히 물이 부족하지 않도록 해주세요. 물이 부족하면 잎이 처지고 꽃봉오리도 활짝 피기 전에 시들 수도 있어요.

가지치기 : 꽃이 진 후는 꽃봉오리를 자르는 것과 함께 가지치기를 해주세요. 꽃봉오리는 이르면 10월부터 만들기 시작하므로 가지치기는 꽃이 지는 6~8월이 안전해요. 다음해에 꽃이 필 때는 주로 전 해에 꽃이 피지 않은 새 가지에서 꽃이 피므로 시기에 맞춰 가지치기를 해야 다음해에 풍성한 꽃을 볼 수 있어요.

♣ 닮은듯 다른 수국과 불두화

불두화 꽃

불두화 잎

수국 잎

수국 꽃과 불두화의 차이

꽃이 피는 시기와 꽃 모양이 닮아서 헷갈릴 수 있는 식물이에요.

불두화의 학명은 "*Viburnum opulus* f. *hydrangeoides*"로 수국과 먼 친척 정도로 볼 수 있어요. 수국은 키가 1~1.5m 정도로 자라는 반면 불두화는 키가 3~6m 정도로 비교적 크게 자라며 수국보다 꽃이 피는 시기가 조금 빨라요. 불두화는 백당나무를 개량한 종으로 꽃의 모양이 부처의 머리처럼 곱슬곱슬하고 부처가 태어난 4월 초파일을 전후해 꽃이 만발하므로 '불두화'라고 부르고 절에서도 정원수로 많이 심어요. 꽃 모양이 수국과 비슷하지만 불두화는 잎이 세 갈래로 갈라지고 잎 가장자리에 불규칙한 톱니가 있어요. 수국이 다양한 색상으로 피는 반면, 불두화는 처음 꽃이 필 때에는 연초록색이고, 활짝 피면 흰색이 되고 질 무렵이면 누런빛으로 변해요.

야외 정원이나 수목원에서 키가 크고 연두나 연노랑으로 핀 꽃을 보고 '수국일까? 불두화일까?' 궁금하다면 그 키와 꽃 색상, 잎의 갈라짐을 보면 어렵지않게 구분할 수 있어요.

5. 황칠나무*(Dendropanax morbiferus)*

최근들어서 인테리어 식물로도 사랑받는 황칠나무는 사계절 잎을 감상하고 꽃과 열매도 볼 수 있는 매력적인 나무예요. 두릅나무과에 속하는 황칠나무(黃漆木)는 우리나라 제주도를 비롯한 완도, 거문도, 대흑산도, 어청도 등에 분포하는 특산종으로 해외에는 중국, 대만, 일본 혼슈 남부, 오키나와에도 있어요. 하지만 황칠나무는 수입종이 아닌 국내 자생나무로 오래전부터 우리 조상과 함께 했으며 높이가 15m까지도 자라는 활엽교목이에요. 황칠나무의 잎 앞면은 매끈하며, 꽃은 6월에서 8월 중순에 연한 황록색으로 피며. 열매는 9월에서 11월에 줄기 끝에 타원형으로 7~10㎜ 정도의 크기가 10~30개 내외로 모여서 달립니다.

황칠에 사용되는 나무의 진액은 8월에서 9월에 채취하는데 황칠은 옻나무 수액을 채취하여 칠하는 옻칠과 같은 전통 공예기술이에요. 황칠나무 표피에 상처를 내면 노란 액체가 나오는데 이것을 모아 칠하는 것을 황칠이라고 해요. 이렇게 목공예품을 만들때 색을 칠하거나 표면을 가공할 때 사용되어 황칠나무라 이름을 붙였으며 전통적으로 가구나 금속, 가죽 제품의 도료로 사용되었어요. 완도나 보길도 지역의 사람들은 '상칠나무' 또는 '황칠나무'라고도 불렀어요. 역사적으로는 중국에 보내는 조공품으로 분류되어, 황칠나무가 자라는 지역 백성들의 고통도 심해 조선시대에는 황칠나무가 자라면 베어버렸다는 기록도 남아있어요. 학술적 연구에 의하면 "해동역사(海東繹史)"에는 황칠을 '완도산'이라고 밝히고 있고, 계림지에는 '고려칠(高麗漆)'로도 기록하고 있는 역사와 함께 한 나무라고 할 수 있어요.

♣ 황칠나무의 품종

세 개로 갈라진 수나무의 잎

열매가 달린 뾰족한 타원형의 암나무

♣ 황칠나무의 꽃과 열매

황칠나무는 그 잎을 보는 것만으로도 매력적인 식물이에요. 하지만 건강하게 자라는 모습과 함께 가을에 열매를 본다면 즐거움은 배가 됩니다. 모든 황칠나무에 열매가 달리는 것은 아니에요. 주로 시중에 유통되는 것은 뿌리 위 목둘레가 10㎜가 안 되는 어린 황칠나무가 많은데 이런 경우는 쉽게 꽃이 피거나 열매가 달리지 않아요. 햇빛이 좋은 곳에서 한 해, 두 해 성장해 기본 줄기가 점점 굵어지고 잎 외에도 잔가지가 생겨 힘이 있는 건강한 황칠나무로 자라는 경우 꽃과 함께 열매를 볼 수 있어요. 꽃이 지고 열매가 달리기 시작하면 햇빛과 물의 양이 충분해야 합니다.

봄: 황칠나무의 잎과 꽃봉오리

여름: 꽃이 지고 열매가 달리는 모습

가을, 겨울: 열매가 달린 후 검게 익어가는 모습

천연기념물 황칠나무의 보호와 활용

전라남도 완도군 보길면 정자리에 있는 황칠나무는 천연기념물 제479호로 지정된 보호수예요. 원래는 전라남도 기념물 제154호로 지정되었다가 역사,문화적인 가치가 인정되어 2007년 8월에 천연기념물 제479호로 승격 지정되었어요. 이 나무는 정자리 우두마을에서 200m쯤 안으로 들어가면 볼 수 있는데 뿌리목둘레 102㎝, 높이가 15m에 이르는 거목이에요.
이렇게 보호종 황칠나무 및 연구종으로 지정된 나무는 수목원 등에서 별도의 관리가 이루어지고 있어요. 그 외에도 황칠나무는 원예용, 공예용은 물론 식재료를 위해서 전라남도를 비롯한 남쪽 지방에서 많이 재배해요. 예전에는 제품의 완성도를 높이는 칠에 많이 사용되었다면 요즘은 인체에 유용한 성분이 많아서 기능성 식품의 원료로 이용되고 있어요. 줄기와 열매 등이 건강식품으로 개발·이용되는데, 주로 차를 우려서 마시는 보편적인 방법부터 여름철 건강보양식에도 이용되고 있어요.

황칠나무 열매: 씨앗 파종용으로도 이용할 수 있어요.

궁금해요! 알려주세요

Q. 황칠나무를 오래 키우고 있는데 꽃과 열매가 달리지 않아요. 무엇이 문제일까요?

A. 꽃과 열매는 황칠나무의 종류와 또 장소 및 관리방법에 따라서 결정이 되요. 우선 모든 황칠나무에 열매가 달리는 것은 아니에요. 주로 시중에 유통되는 것은 뿌리 위 목둘레가 10㎜가 안 되는 잎이 갈라진 어린 황칠나무가 많아요. 이 품종은 오랫동안 키워도 열매를 보기 어려울 수 있어요. 기존의 나무도감이나 식물관리기관의 기록에는 황칠나무가 암수한그루 나무로 기록되어 있지만 꽃과 열매에 대한 기록이나 재배에 대한 부분은 찾기가 어려워요. 실제로 황칠나무를 전문적으로 재배하는 농장에서는 황칠나무가 열매가 달리는 암황칠과 그렇지않은 수황칠로 구분하고 있어요. 열매가 달리는 황칠나무는 잎의 갈라짐이 적고 약간 긴 타원형 모양이에요. 만약 그 품종인데 황칠나무가 봄이 되어도 꽃이 피지 않는다면 햇빛이 적게 드는 것과 수분이 충분하지 않은 환경적인 요인이 있어요. 넉넉한 화분에 식재를 잘한 경우라면 해가 아주 잘 드는 곳에 두고 물은 부족하지 않도록 충분히 주세요.

관리방법

빛 : 햇빛을 아주 좋아해요. 기본적으로 야외에서 햇빛을 많이 받아야하는 품종으로 햇빛의 양이 적으면 잎이 얇고 커지듯 웃자라며 건강하지 못한 경우가 생겨요. 그늘진 곳보다 햇빛이 아주 좋은 곳에서 키워주세요.

물 : 화분의 겉흙이 마르면 아주 흠뻑 줍니다. 매일 조금씩 주는 것보다 장소와 계절, 화분 크기를 고려해서 한 번 줄 때 화분 배수구로 물이 빠져나오도록 많은 양을 줍니다. 특히 꽃과 열매가 달려 있는 경우라면 물이 부족하지 않아야 해요. 흙의 건조로 인한 손상을 조심하세요.

흙과 화분 : 마사와 일반 분갈이용 흙을 적당량 섞어서 배합합니다. 마사가 성장을 방해하지는 않지만 너무 많은 양을 섞으면 물빠짐이 빨라서 건조해질 수 있으므로 그 부분을 고려합니다. 화분은 아래쪽은 조금 좁고 윗부부분은 넓은 기본 형태로 넉넉한 크기를 선택해주세요.

진딧물과 잎마름 현상 : 햇빛과 통풍이 부족한 곳에서는 진딧물이 생길 수 있어요. 그때는 우선 면봉을 이용해 진딧물을 최대한 제거하고 줄기와 잎은 물줄기로 깨끗하게 씻어 주세요. 그후 해와 바람이 좋은 곳에 두세요. 진딧물이 심하면 전용 약을 뿌려야하는데 새잎이 난 경우라면 어린 잎에 독한 약이 많이 닿지 않아야해요. 진딧물이 심할 경우 적절한 조취를 취하지 않고 그냥 두면 병이 깊어지고 회복이 어려워져요. 진딧물이나 잎자체에 문제는 없는데 잎이 쳐지고 마른다면 나무에 비해 화분이 너무 작지 않은지, 물의 양이 부족하지 않은지 체크하고 분갈이를 하거나 물의 양을 늘려주세요.

6. 동백나무(*camellia japonica*) : 꽃과 열매

동백은 상록성 잎에 꽃과 열매까지 볼 수 있는 식물이에요. 주로 남부지방과 섬 등을 비롯해 여러 곳에서 많이 자라요. 제주도와 울릉도, 여수 등 유명한 군락지 외에도 육지에서는 충청남도 서천, 전라도 고창 등 다양한 곳이 동백으로 알려져 있어요. 또 서해안에서는 대청도, 고창의 선운사와 구례 화엄사도 동백이 아름다운 곳이에요. 동백꽃은 북쪽으로 갈수록 늦게 피고, 남부지방 바닷가에서는 12월이나 1월에 많이 피지만 4월에 피는 동백도 있어요. 꽃은 꽃자루(꽃을 받치고 있는 작은 가지)가 없으며, 꽃밥이 노랗고 노란 수술이 90~100개 정도로 도드라져요.
동백은 남부지역 등 일부에서는 거리의 가로수나 공원에 사계절 초록빛의 잎과 함께 꽃이 적은 계절에 꽃을 보기 위해서 심기도 해요. 뿐만 아니라 일반 가정의 정원수로도 사랑받는 나무이며 카페나 식당, 대형 건물 입구 등도 공간을 돋보이게 하는 식물이에요.

활짝 핀 동백 꽃

동백(冬柏)은 한자어를 표기한 것으로 우리나라에서만 사용하는 이름이에요. 국내에서는 주로 겨울에 꽃이 핀다고 해서 동백이라는 이름이 붙었지만 그 가운데는 봄에 피는 것도 있어서 춘백(春栢)이라고도 불러요. 그 외에도 학단, 학정홍, 내동화 등의 이름도 갖고 있어요.
동백꽃은 전에는 주로 붉은 빛깔 위주의 종류가 주를 이루었어요. 하지만 요즘은 국내에서도 다양한 종류가 원예용으로 유통되고 있어요.

동백꽃과 동백열매, 동백기름

옛날에는 꽃을 감상하거나 조경을 위한 목적보다는 씨앗에서 기름을 짜기 위해서 많이 심었어요. 동백의 꽃은 활짝 피었다가 질 때는 싱싱한 그모습의 꽃봉오리 하나가 통째로 떨어지는데요. 남쪽 섬의 여러 동백군락지는 그 모습을 보기 위해 많은 관광객이 방문하기도 해요.

꽃봉오리가 떨어진 자리에는 열매가 달려요. 열매는 보통 녹색으로 자라다가 갈색으로 익고 다익으면 세 갈래로 갈라져요. 우리 조상들은 동백 열매의 말린 씨앗을 절구에 찧어 껍질을 벗기고 키질을 해서 속살만 골랐어요. 그 속살은 더 곱게 빻아서 삼베주머니에 넣고 단단히 묶어서 기름떡을 만들어 활용했어요. 기름틀과 기름챗날 사이에 기름떡을 넣고 그 위에 무거운 돌을 올려서 짓누르면 밑으로 떨어지는 기름을 얻는 방법을 사용했어요.

동백기름은 맑은 노란색이고 불포화지방산이 풍부해 변하거나 굳지 않아서 요리나 화장품 원료, 머릿기름으로 썼어요. 꽃은 '산다화'라고 해서 피를 멎게 하고 소화를 돕는 약으로도 쓰고 단단한 줄기는 얼레빗, 다식판, 장기짝 등의 목재로도 쓰였어요.

동백나무 열매

동백 씨앗

동백나무 군락지

여러 해안지대에도 동백군락지가 많지만 우리나라 가장 아름다운 동백섬 중에 손에 꼽히는 곳이 전남 강진 백련사 동백나무 숲이에요. 이곳에는 1,500그루의 동백나무가 무리지어 자라요. 동백나무의 평균 키가 7m나 된다고 하니 그곳을 지킨 오랜 세월을 제대로 느낄 수 있는 나무라고 할 수 있어요. 그 중에는 300년 쯤 된 오래된 동백나무도 있어요. 이곳 동백나무 숲은 보통 3월 중순부터 하순까지 붉은 꽃봉오리를 볼 수 있는 좋은 시기로 알려져 있어요. 이 때를 맞춰서 여행한다면 백련사 동백나무 숲을 더 운치있게 즐길 수 있어요.
여수의 오동도도 동백섬으로 유명해요. 여수 오동도는 3월에 꽃이 만개하는데 그 시기를 맞춰서 방문한다면 바다 전망과 함께 아름다운 동백꽃을 감상할 수 있어요.

궁금해요! 알려주세요

Q. 잎이 마르고 새로난 잎도 자라지 못하고 말라서 떨어져요. 무엇이 문제일까요?

A. 우선 화분의 크기가 너무 작은 건 아닌지 그로 인해서 물이 부족하지 않은지 살펴보세요 화분의 크기가 동백의 나이나 키를 비교할 때 적당하다면 물의 양이 적을 것일 수도 있어요 동백은 물이 부족하면 잔가지 등 손상이 오기 때문이에요.

Q. 잎은 많이 나는데 꽃봉오리가 생기지 않아요. 집에서 키우면 꽃이 피지않나요?

A. 동백은 수종이나 장소에 따라 차이는 있지만 주로 11월에서 4월 사이에 꽃을 많이 볼 수 있어요. 하지만 이때도 꽃봉오리가 생기지 않는다면 햇빛의 양이 부족한 것을 들 수 있어요. 동백나무는 주로 늦여름부터 꽃봉오리를 만들기 시작하는데 이때는 충분한 햇빛과 화분 속의 영양과 수분이 중요한 역할을 합니다. 화분의 적절한 크기와 충분한 수분, 햇빛을 받을 수 있는 곳에서 관리를 해야 꽃봉오리가 건강하게 생기고 꽃도 볼 수 있어요.

Q. 꽃봉오리는 많은데 꽃이 제대로 피지 않고 떨어지고 있어요. 무엇이 문제일까요?

A. 햇빛의 양이나 물이 부족한 것을 원인으로 꼽을 수 있어요. 특히 화원 등에서 꽃봉오리가 달린 동백을 샀다면 그 꽃봉오리가 벌어지기 전까지 햇빛을 충분하게 볼 수 있도록 해야 합니다. 만약 햇빛의 양이 좋은데 꽃이 피지 않고 계속 그 상태라면 물의 양이 충분하지 않았을 수 있어요. 꽃봉오리가 벌어지기 전까지 햇빛이 좋고 바람이 잘 통하는 곳에 두고, 화분의 흙에 물을 충분히 주세요.

● 관리방법 ●

- **빛** : 햇빛을 좋아해요. 어두운 곳보다 햇빛을 많이 받을 수 있는 곳에서 키워주세요. 동백은 원래 실내 원예용 식물이 아닌, 야외 땅에 뿌리 내리고 겨울도 견디는 식물이에요. 요즘은 원예용으로 많은 종류가 개량되고 있지만 실내 햇빛 적은 곳은 건강하게 키우기 쉽지 않을 수 있어요. 추위에도 강한 식물이므로 겨울에도 실내로 들이기보다 베란다 밝은 곳에 놓고 관리합니다.
- **물** : 과습보다는 건조를 조심해야 합니다. 화분의 겉흙이 마르면 아주 흠뻑 줍니다. 장소와 계절, 화분 크기를 잘 살펴본 후 물이 부족하지 않게 관리를 해야 합니다. 물이 부족하면 잎이 말리듯 뒤로 젖혀지고 손상이 올 수 있어요.
- **흙** : 화분에 식재하는 경우 일반분갈이 흙과 가는 굵기의 마사를 섞어서 심어요.(흙의 비율은 일반분갈이용 흙 80%, 마사 20%) 마사의 양이 많은 경우에는 물빠짐이 빨라서 더운 계절에 물부족이 올 수 있어요.
- **화분** : 딱 맞거나 작은 것보다 넉넉한 크기를 선택합니다. 화분이 넉넉해야 충분한 영양과 함께 물을 주며 관리하기도 수월해요. 화분의 모양은 너무 긴 형태보다 낮고 안정감 있는 것으로 선택하고, 위에 장식돌이나 미니 토분을 얹어 놓고 그곳에 물을 부어주면 흙파임도 줄일 수 있어요.
- **영양** : 작은 입자의 알비료를 흙 위에 얹어주세요. 냄새는 적고 물을 줄 때마다 아주 서서히 녹아서 동백이 건강하게 성장하는데 도움이 됩니다.
- **처음 구입 한다면** : 너무 큰 동백이나 가격이 지나치게 높은 것보다 작고 부담적은 가격대로 구입합니다. 관리 등에 익숙하지 않을 수 있으므로 작고 가격 부담이 적은 걸로 구입해 분갈이를 한 후 햇빛이 좋은 곳에 놓고 키웁니다.
- **작은 꽃봉오리가 달린 상태로 구입한다면** : 최대한 뿌리를 많이 건드리지 않고 큰 화분으로 조심스럽게 옮겨심어요. 꽃봉오리가 피기 전까지 햇빛을 최대한 많이 받게 하고, 물을 충분히 주세요.

7. 베고니아(Begonia spp.)

제비꽃목에 속하는 베고니아는 열대 및 아열대 지방이 원산지로 약 2,000종 이상이 있어요. 종류에 따라서 초본 및 반목본성의 다른 성격을 갖고 있는데 주로 다육성질로 수분을 많이 갖고 있는 식물이에요. 베고니아는 원종 자체 외에도 워낙 많은 품종이 육성되어 분류가 쉽지않은 것도 많아요. 잎꽂이나 꺾꽂이 등으로 비교적 번식이 쉬운 편이지만 품종에 따라 관리방법도 달라서 홈가드닝용으로 키우기 쉬운 종류가 있는 반면 습도나 환경 등에 민감해 까다로운 종류도 있어요.

베고니아의 분류는 크게 형태에 따른 분류, 원예적 분류, 원예이용상의 분류로 나누고 있어요. 주로 원예이용상의 분류를 많이 사용하는데 꽃베고니아(Flower Begonia), 관엽 베고니아(Ornamental Begonia), 목본성 베고니아(Erect Stemed Begonia)에요. 꽃베고니아는 초본성으로 꽃을 관상하는 것이 주목적이며, 관엽베고니아는 초본성으로 잎을 위주로 감상하는데 렉스베고니아 종류에요. 목성 베고니아는 반관목성으로 꽃과 잎을 함께 보며 실내 건물의 조경용으로도 많이 식재되는 품종이에요.

아이래쉬 베고니아

궁금해요! 알려주세요

Q. 오렌지샤워베고니아와 허리케인베고니아를 키우고 있어요. 오렌지샤워베고니아는 꽃이 모두 지고 더위에 물을 너무 많이 준 탓인지 줄기와 잎이 모두 물러졌어요. 허리케인베고니아는 물을 너무 안줘서 많은 부분의 잎이 시들었어요. 둘 다 다시 건강하게 키울 방법이 있을까요?

A. 오렌지샤워베고니아는 손상된 잎을 모두 제거하고 뿌리쪽이 있는 곳을 살펴보세요. 1년 이상 키운 경우라면 흙에 알뿌리가 생겼을 가능성이 있어요. 알뿌리가 보이면 상태를 확인한 후에 며칠간 물을 주지 말고 밝은 해가 있는 곳에 두세요. 새로운 잎이 다시 올라올 수가 있어요. 반면 잎을 위주로 보는 허리케인베고니아는 마른 줄기를 모두 제거하고 흙에 물을 흠뻑주세요. 잎베고니아 종류는 주로 작은 화분에 심다보니 물이 부족해 줄기의 손상이 올 때가 있어요. 물을 말린 기간이 그리 오래되지 않았다면 며칠이 지나면 살아있는 기존의 잎은 생기가 돌고, 새로운 잎이 나는 것도 볼 수 있어요.

● 관리방법 ●

빛 : 강한 햇빛을 피해 밝은 곳에서 관리합니다. 특히 온도가 높은 때 강한 해에 오래 노출이 되면 잎이 마르고 꽃이 시들어 떨어지며 손상이 옵니다.

물 : 품종에 따른 차이가 있으며 건조보다는 과습을 조심해야 합니다. 겉의 흙이 바싹 마르면 흙 표면에 흠뻑 주세요. 너무 추운날이나 장마철은 물주기를 조심하세요.

오렌지샤워 베고니아

팝콘 베고니아

허리케인 베고니아

은엽 베고니아

산세베리아 스투키 : 동물의 뿔을 닮은 듯한 스투키는 뭉툭하고 짧은 줄기에 끝이 뾰족한 게 특징이에요. 창가나 책상 위에 두면 새로운 분위기를 연출해요.

8. 산세베리아(*Sansevieria trifasciata*)

백합과에 속하는 산세베리아는 남아프리카가 원산지로 개성있는 줄기를 보는 관상용 식물이에요. 긴 잎은 단단한 질감에 끝은 날카로운 형태로, 공기정화 능력이 뛰어나며 관리가 까다롭지않아서 원예 초보자도 키우기 쉬운 식물이에요. 산세베리아가 처음 수입이 될 당시에는 도톰한 잎과 긴줄기의 매력으로 높은 가격에, 구입하기도 어려웠어요. 초기의 수입종은 50~70㎝ 길이의 잎이 많은 부분을 차지했지만 지금은 다양한 품종과 함께 번식도 쉬운 편이라서 착한 가격으로 사랑받고 있어요.
산세베리아는 이탈리아 산세베로의 왕자 라이문도 디 산그로(Raimondo di Sangro, 1710~1771)를 기리기 위해 이름 붙인 식물로 알려져 있어요. 뿐만 아니라 특유의 잎생김새로 '장모님의 혀(mother-in-law's tongue)'라는 별명도 갖고 있어요.
산세베리아는 공기정화 식물로 널리 알려져있지만 다육질의 식물로 공기정화력은 높지 않은편이에요. 다육식물에 더 가깝기 때문에 광합성을 하는 때는 수분 손실을 막기 위해 낮에는 기공을 닫고 밤에만 열어서 이산화탄소를 흡수하는데요. 그래서 전자파 차단이나 공기정화의 실제 효과는 낮다고 할 수 있어요.
산세베리아가 아무곳에나 놓고 키워도 괜찮다는 말도 있고, 물은 한두 달에 한 번만 줘도 잘 산다고 말하지만 이것은 사실과는 조금 달라요. 보통 식물보다 생명력이 강해서 그늘이나 구석진 곳에 두고 가끔 주는 물로도 유지가 되어서 그렇게 느껴지는 것이에요. 산세베리아가 특유의 개성있는 줄기를 건강하게 유지하고 잘 자라는 것을 보고 싶다면 밝은 햇빛이 있는 곳에 두고 계절에 따라서 잘 관리해야 합니다. 특히 겨울철 추위에는 약할 수 있으므로 기온이 지나치게 떨어지는 야외나 5도 이하의 장소는 피해야 합니다. 산세베리아의 꽃을 보기는 쉽지가 않아요. 하지만 일반 꽃식물과 달리 산세베리아가 꽃을 피우고 그 꽃을 보는 사람들은 복을 받고 행운이 찾아온다는 좋은 징조로 받아들여요.

산세베리아 티아라 : 공주의 귀여운 왕관 모양을 닮은 티아라는 두툼하고 짧은 잎이 옆으로 퍼지듯 자라요.

산세베리아 문그로우 : 은은한 달빛이 스며든 것같은 아름다운 색감의 문그로우는 두툼한 잎조직이 살짝 말리듯 올라가며 자랍니다.

산세베리아 슈퍼바

♣ 산세베리아 슈퍼바 분갈이

궁금해요! 알려주세요

Q. 새로 나는 줄기가 기존에 있던 것과 달리 너무 가늘고 길쭉해요. 시간이 지나도 줄기는 두꺼워지지않고 휘어서 기울어지고 있어요. 무슨 원인일까요?

A. 햇빛의 양이 부족한 것을 원인으로 꼽을 수 있어요. 개체가 늘어나는 생장기에는 햇빛과 물, 영양 등이 충분해야 특유의 개성을 유지할 수 있어요. 하지만 햇빛의 양이 부족해서 새로운 개체가 광합성을 위해 줄기가 빛이 있는 방향으로 가늘게 자란 것이에요. 그 줄기를 다시 짧고 굵게 하는 것은 어렵지만 새로나는 개체를 위해 햇빛이 좋은 장소로 이동해보세요. 너무 길게 자란 줄기는 성체가 될 때를 기다려 삽목을 해서 키워도 됩니다.

● 관리방법 ●

빛 : 유리창 등을 한 번 통과한 밝은 빛이 좋아요. 더운 계절 강한 햇빛을 바로 받으면 잎끝의 손상과 함께 누렇게 변할 수 있어요. 반면 빛이 너무 부족한 곳에서는 생장기에 잎이 길고 가늘게 웃자라는 현상이 생길 수 있어요.

물 : 장소와 계절에 따른 차이가 있어요. 봄, 가을에는 겉의 흙이 아주 바싹 마르면 좋은 날을 선택해 흠뻑 줍니다. 더운 여름철, 습도가 높은 때, 기온이 낮은 겨울철은 물주기를 줄이고 건조하게 관리합니다.

흙 : 분갈이용흙에 물빠짐이 좋은 가는 굵기의 마사를 섞어서 사용합니다. (70:30정도) 마사가 산세베리아에게 나쁜 영향을 미치는 것은 아니지만 너무 많이 섞으면 6개월 정도 이후부터 화분의 보습력이 떨어질 수 있어요.

번식하기 : 포기나누기와 잎꽂이, 자구번식 등으로 그 수를 늘릴 수 있어요. 처음 식재한 화분이 꽉 차도록 개체가 늘었다면 그 화분에서 꺼내서 포기나누기를 해요. 잎꽂이는 4~6월 정도에 긴 잎을 7~8㎝ 정도로 잘라서 모래흙에 꽂으면 뿌리가 납니다.

산세베리아 줄기 끝의 손상

9. 안스리움 바닐라(*Anthurium andraeanum*)

광택이 나는 표면에 비교적 두툼한 잎, 여러 공간에서 오랫동안 감상 할 수 있는 안스리움은 빨강, 분홍, 흰색, 연두, 보라, 노랑 등 다양한 꽃(불염포)을 감상할 수 있어요. 곧고 길게 올라온 줄기 윗부분을 꽃으로 생각하는 경우가 많지만 실제로는 꽃이 아닌 불염포예요. 광택이 있는 포엽이 아름다워 실내에서 분화로 기르는 열대 관엽, 관화 식물로 상업공간 인테리어나 홈가드닝에서 오랫동안 사랑받고 있는 식물이에요.

안스리움은 아메리카의 열대 지역이 원산지이며, 많은 종들이 관엽식물로 재배되고 있어요. 전세계에 500여 종이 있으며, 원예종은 10여 종 정도로 유통되고 있어요. 잎은 윤기가 있으며 두껍고 짙은 녹색이며 때로는 그물 같은 무늬가 있는 것도 있어요. 꽃은 양성화이며 원뿔 모양의 육수꽃차례를 이루며 달리고, 꽃차례는 불염포에 둘러싸여 있어요. 불염포는 꽃 발생시 꽃을 완전히 감싸는 특징을 갖는 커다란 변형 잎으로 어린 꽃을 보호하는 기능을 해요. 불염포의 빛깔이 아름다운 종으로는 홍학꽃(A. andraeanum)과 안투리움(A. scherzerianum) 등도 있어요.

꽃인 듯, 꽃이 아닌 불염포

불염포(佛焰苞)는 천남성과 창포과, 그리고 옥수수(벼과) 암꽃처럼 육수꽃차례를 갖는 식물의 생식기관을 감싸는 변형 잎을 말하는데, 이 외에 흔히 파초과(Musaceae), 야자나무과(Arecaceae; 종려과) 식물의 꽃을 감싸는 커다란 포엽이나 붓꽃(Iris spp.)이나 닭의장풀(Commelina spp.)의 포엽을 흔히 불염포라고 불러요.

꽃 못지않게 개성있고 예쁜 불염포

Deux garçons

초록빛 불염포는 천천히 노랑빛깔로 변해요

새로 나는 잎

육수꽃차례

꽃대가 굵고, 꽃대 주위에 꽃자루가 없는 수 많은 작은 꽃들이 피는 꽃차례를 지칭해요. 관상용으로 많이 키우는 스파티필름에서도 볼 수 있는데, 육수화서(肉穗花序)라고도 불러요. 꽃대 상부가 곤봉 모양이나 회초리 모양으로 발달하는 것도 있으며 천남성과·부들과에서 볼 수 있어요.

안스리움 화분선택하기

안스리움은 실내에서도 어렵지 않게 관리할 수 있고, 공간을 돋보이게 하는 식물로도 손꼽혀요. 최근에는 잎이 크고 붉은 불염포의 원품종 외에도 노랑빛깔 불염포의 안스리움 바닐라, 신비로운 느낌이 드는 안스리움 퍼플 등이 주목을 받고 있어요. 불염포는 잎과 함께 꽃꽂이용으로도 많이 사용됩니다. 화분에서는 키우는 경우 일반 꽃보다 더 깔끔하게 유지되며 1개월 이상 길게 볼 수가 있어요. 그래서 카페나 상업공간, 사무실, 거실 등 여러 곳을 돋보이게 하는 플랜테리어로도 좋아요.

여러 공간에서 돋보이는 식물로 보려면 화분 선택도 중요해요. 물론 안스리움에 정해진 화분이 따로 있지는 않아요. 식재를 할 화분은 컬러감은 너무 강하지 않고, 표면에 광택이 없는 것을 선택하면 안스리움의 초록잎과 불염포의 개성을 더 돋보이게 할 수 있어요. 윗부분은 좁고 아래로 넓어지는 형태는 나중에 분갈이를 할 때나 잘 자라서 포기나누기를 해야할 때 어려움이 생길 수 있어요. 안스리움의 힘 있고 곧게 위로 뻗은 줄기나 불염포를 돋보이게 하는 화분 형태 중에는 각이 진 것보다 조금 부드러운 형태도 좋아요.

분갈이 후 아랫쪽에 새잎들도 많이 올라오며 잘 자라는 모습

강한 햇빛을 오래 보면 불염포는 빨리 시들고, 잎 끝은 마르며 손상이 올 수도 있어요. 손상된 잎과 불염포는 제거해 주세요.

궁금해요! 알려주세요

Q. 불염포를 건강하게 오래 볼 수 있는 방법이 있나요? 시든 불염포는 어떻게 하나요?

A. 장소와 계절에 따른 차이는 있지만 관리만 잘하면 개성있는 불염포를 1개월에서 3개월까지도 감상할 수 있어요. 햇빛이 너무 강한 곳에 오래 두거나 지나치게 건조하게 관리하면 불염포가 조금 더 빨리 시들어요. 햇빛이 강할수록 수분의 손실이 많은 탓이에요. 또 불염포의 개수가 많은데 화분의 흙이 너무 건조하면 이때도 불염포의 수분이 충분하게 유지되지 않아요. 불염포가 완전히 성장한 경우에는, 한낮의 해는 조금 적게 받을 수 있도록 그늘이 생기는 곳에 두고, 물은 겉의 흙이 바싹 마르면 흙에 흠뻑 주세요. 불염포 색이 변하고 시들면 아래쪽 줄기를 바짝 잘라주세요. 아깝다고 시든 불염포를 그대로 두면 다른 불염포가 올라와 건강하게 유지되는데 방해가 될 수 있어요.

● 관리방법 ●

빛 : 강한 햇빛을 피해, 반그늘이나 유리창을 한 번 통과한 빛이 있는 곳이 좋아요. 햇빛이 없는 그늘에서도 잘 자라지만 성장기에 빛이 부족하면 새로 생기는 줄기가 길어지고 웃자랄 수 있어요.

물 : 겉흙이 바싹 마르면 흙에 흠뻑 줍니다. 건조보다 과습을 주의해야 해요. 물이 지나치게 많아 과습이 오면 잎이 노랗게 변할 수도 있어요. 이때는 누런 잎을 제거하고 바람이 잘 통하는 곳에 두고 물을 줄입니다.

온도 : 더운 지역 식물이므로 겨울 추위를 조심해요. 야외 월동은 어렵고 10도 이상 유지되는 곳이 좋아요. 반면 한여름 25도 이상 더운 장소에서는 강한 해에 노출되지 않도록 하고, 화분 흙이 지나치게 오래 건조하지 않도록 합니다.

흙과 화분 : 너무 큰 화분보다는 안스리움의 부피를 고려해 적당한 크기를 선택해요. 윗부분이 너무 좁고 아래로 넓은 항아리 형태보다 아래는 좁고 위가 넓은 형태가 좋아요. 위가 좁은 형태는 안스리움의 포기가 늘어났을 때 분갈이가 쉽지 않고, 번식할 때 포기나누기가 어려울 수 있으므로 이부분을 고려해서 화분 형태를 선택해요. 흙은 분갈이용흙에 가는 굵기의 마사를 소량 섞어주세요.

안스리움 퍼플

10. 금전수(Zamioculcas zamiifolia)

돈을 부르는 식물

식물이 갖고 있는 고유의 이름 외에 꽃말이나 식물에 담긴 좋은 의미는 사소한 것 같지만 선물하는 사람이나, 키우는 이의 바람을 담아 마음을 더 즐겁게 할 때가 있어요.

금전수는 그 한자명인 이름에서부터 '돈 많이 버세요!' '부자되세요!' 하는 것 같죠. 영문명도 'Money Tree'로 잘 키우면 돈도 많이 늘어날 것 같은 느낌이 들어요. 그래서 개업 선물이나 이사 선물에서도 빠지지 않는 식물이에요. 천남성과의 열대식물로 고향이 아프리카예요. 그 부분을 고려해 추위를 조심하고 물을 지나치게 많이 주는 것을 주의하면 오래 함께 할 수 있는 식물이에요. 시중에서는 주로 '금전수', '돈나무', '부자식물' 등 여러가지로 불려요.

금전수 분갈이 : 적절한 화분 선택과 흙

금전수를 선물로 받는 경우도 있지만 작은 플라스틱 화분에 있는 것을 구입해 키우면 그 과정을 보는 즐거움이 커요. 금전수는 성장하면서 뿌리 쪽에 수분을 저장하는 작은 감자같은 물탱크 역할을 하는 부분도 함께 커져요. 그래서 시간이 지나면서 흙이 위로 솟구치는 듯한 느낌이 들면서 흙과 뿌리의 부피도 늘어납니다. 일반 플라스틱 화분에 있는 것을 구입하면 조금 더 큰 화분으로 분갈이를 한 후 키우는 게 좋아요.

〈분갈이 방법〉

1. 촘촘한 양파망을 먼저 깔고 화분 깔망을 놓으면 물을 주고 난 후 흙이 덜빠져나와요.
2. 흙은 일반 분갈이용 흙에 마사를(70:30정도) 섞어주세요.
3. 금전수 포트 옆을 손으로 살살 눌러주면 쉽게 빠집니다.
4. 금전수를 화분에 넣어 높이나 균형 등을 확인하고 흙을 더 넣고 세척마사를 올려주세요.
5. 금전수는 물을 많이 주는 식물이 아니라서 맨 위에 세척마사를 얹어 마무리 하면 깔끔하게 볼 수 있어요. 마사 멀칭을 하지 않아도 성장에는 상관이 없어요

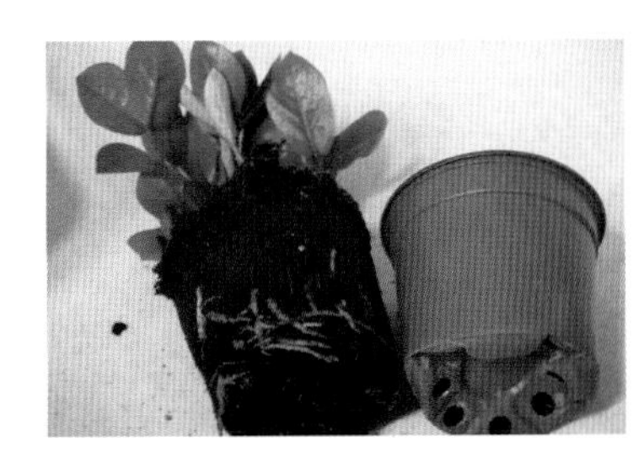

금전수 새잎과 성장

계절에 따라 키우는 장소가 다른데 한겨울철 베란다는 새벽 기온이 낮아서 냉해로 손상을 입을 수 있어요. 그래서 겨울철은 기온이 낮은 베란다보다 거실 등 실내가 좋아요. 4월부터는 해가 적은 안쪽보다 해와 가장 가까운 창가쪽이 좋아요. 햇빛이 부족해도 잎의 건강이 잘 유지되지만 새잎이 나서 성장할 때 줄기가 웃자랄 수 있기 때문이에요.

냉해와 과습 주의하기

금전수는 실내에서 키우기 수월한 식물로 손꼽혀요. 하지만 두 가지를 조심해야하는 데 바로 겨울 추위에 손상이 오는 냉해와 물을 지나치게 많이 주는 과습이에요. 냉해란 식물이 성장하면서 견딜 수 있는 최저 온도에서 기온이 더 떨어질 때 뿌리와 잎 등이 입는 손상이에요. 과습은 그 식물이 성장이나 유지에 필요한 수분의 양보다 많은 물이 뿌리쪽에 지나치게 공급되어 무름 등으로 손상이 오는 것이에요.

궁금해요! 알려주세요

Q. 새로난 잎과 줄기가 유난히 길고 가늘게 위로 뻗으며 자라요. 처음 구입할 때와 달리 새잎과 줄기가 너무 길어서 구부러지기도 해요. 무슨 원인일까요?

A. 이 경우는 새잎과 줄기가 나는 시기에 햇빛의 양이 부족해서 조금 웃자란 것으로 볼 수 있어요. 새로운 잎과 줄기가 생겨서 성장하는 시기에는 물 외에도 빛이 충분해야 적당한 두께로 건강하게 자라요. 이미 생긴 줄기는 와이어나 가는 막대를 지줏대로 꽂아서 고정시켜주세요. 그렇지 않으면 자꾸 꺾이듯 쓰러지고 부러질 수 있어요.

Q. 화분의 흙이 위로 솟구치는 듯하더니 물을 부어줄 공간도 부족해요. 아무것도 하지 않았는데 무슨 원인일까요?

A. 금전수의 뿌리는 성장을 거듭할수록 땅속 줄기에 기본적인 수분을 저장하는 물탱크 같은 알뿌리를 만들어요. 이로 인해 늘어나는 부피만큼 화분의 흙이 위로 올라와서 흙이 넘치기도 하고 플라스틱 화분의 경우 화분 형태가 일그러지는 현상을 보이기도 해요. 이때는 화분에서 금전수를 꺼내서 더 큰 화분으로 분갈이를 하거나 포기나누기를 해주세요. 알뿌리와 새로운 개체가 생긴 것을 그대로 두면 수분과 영양 부족으로 문제가 생길 수 있어요.

냉해와 건조로 손상이 온 상태

냉해와 건조로 손상이 생긴 경우

겨울 동안 사무공간 복도에서 지낸 금전수예요. 가장 추울때는 새벽 기온이 영하로 떨어지는 곳이라 줄기가 추위에 손상이 되었어요. 뿐만 아니라 물을 준 시기도 오래되서 건조 증상이 있어요. 장소 등 여러가지 상황을 보면 추위로 인한 냉해와 지나치게 건조해 마른 잎 등 복합적인 손상으로 볼 수 있어요. 이 경우 누렇고 마른 잎, 얼어서 손상된 잎은 모두 제거하고 해가 좋은 곳으로 옮겨서 물을 주면서 지켜봐야 해요. 금전수처럼 추위에 약한 식물은 미리 온도 체크를 해서 12~3월은 신경써서 관리를 해주세요.

● 관리방법 ●

빛 : 강한 햇빛에는 잎 가장자리가 탈 수 있어요. 유리창을 한 번 통과한 빛이 있는 곳이 좋아요. 햇빛이 적어도 괜찮은 식물이지만 가끔씩은 빛을 봐야 건강한 색상을 유지하고 병충해 예방에도 좋아요.

물 : 화분의 흙이 아주 바싹 마르면 맑은 날을 선택해, 화분 가장자리 쪽으로 흠뻑 줍니다. 한여름이나 장마철 등 습도가 높은 때는 과습을 조심해야하므로 물을 줄여주세요. 만약 물을 너무 자주 주거나 한 번에 많은 양을 주는 등 과습으로 인한 손상이 오면 아래쪽 잎이 누렇게 변하고 뿌리쪽 줄기가 무르는 현상을 보일 수 있어요. 물의 양을 가늠하기 어렵다면 종이컵에 물을 담아 화분 가장자리를 천천히 두르듯이 주세요.

온도 : 열대식물이므로 겨울 추위를 조심해주세요. 겨울은 밤이나 새벽 온도가 5도 이상 유지되는 곳이 좋아요.

번식 : 건강한 잎을 잘라 흙에 잎꽂이를 하거나, 잘 자라서 화분에 빼곡하게 줄기가 들어찬 느낌이 들면 분리를 해서 다른 화분에 심으면 됩니다.

흙과 화분 :키운지 일 년이 넘도록 새잎이 생기지 않고 성장의 느낌이 없다면 우선 화분의 크기와 흙의 배합을 살펴봅니다. 금전수의 부피에 비해 화분이 지나치게 작은 경우, 뿌리가 자리한 흙이 마사가 너무 많이 섞인 경우 성장이 어렵거나 더딜 수 있어요. 화분을 조금 더 큰 것으로 바꾸어 분갈이를 합니다.

11. 실버레이디 고사리(*Blechnum gibbum*)

실버레이디

진한 초록빛 줄기가 위로 솟구치듯 자라는 실버레이디는 음지 식물로 멋스러운 플랜테리어 연출까지 뛰어난 식물이에요. 고사리과의 다른 품종과 비교한다면 성장속도가 빠른 편이에요. 분수처럼 솟아 올라 아랫쪽으로 퍼지듯 자라는 진한 초록잎은 사계절 그 싱그러움이 눈도 마음도 시원하게 합니다. 햇빛이 조금 적은 곳에서 관리해도 웃자람이 적고 건강하기 때문에 다양한 실내 공간을 돋보이게 하는데 좋은 식물로 손꼽혀요.

실버레이디는 더운 지역이 원산지로 추운 겨울철 야외 월동이나 온도가 지나치게 내려가는 창가 등은 피해서 관리해야 한다는 점을 꼭 기억해주세요. 또 고사리과 식물의 특징 중 비슷한 점은 건조한 환경보다는 적당한 습기를 좋아하고, 뿌리성장도 아주 좋다는 것이에요. 그래서 처음 식재한 후 시간이 많이 지나지않아도 화분의 뿌리가 아주 금세 늘어나는 경우가 있어요. 그만큼 흙 속의 보습력은 떨어지고 그에 따른 부지런한 물관리가 필요해요.

궁금해요! 알려주세요

Q. 잘 자라며 풍성하던 실버레이디가 잎이 시들면서 옆으로 쳐지고 있어요. 작은 플라스틱화분에서 구입해 분갈이를 하고 6개월 넘게 잘 키우면서 새잎도 나고 아주 풍성해졌는데요. 분갈이 후 키우는 장소와 물관리를 동일하게 하는데 자꾸 손상이 오는 것은 무슨 원인일까요?

A. 고사리과 식물들이 대체로 건조에 약한 경우가 많아요. 특히 실버레이디는 성장이 빠른 편이에요. 처음 구입한 작은 플라스틱화분에서 큰 화분으로 분갈이를 한 경우라도 시간이 지나면서 새로운 잎이 나고 뿌리도 증가하면서 흙의 양은 줄고 수분이 부족해서 손상이 온 것으로 볼 수 있어요.

실버레이디를 잘 키우면서 6개월 정도가 지나면 물이 부족한 것은 물론 화분도 조금 작아졌을 것 같아요. 물을 적게 주는 식물과 달리 지속적인 성장과 함께 그에 맞게 물을 주다보니 화분 흙 속의 보습력은 떨어지고, 물을 줘도 화분 속에 남는 물은 적어요. 그로인해 줄기와 잎에 전달되는 물의 양은 아주 적어요. 실버레이디를 화분에서 꺼내 포기나누기를 하거나 처음 분갈이 했을 때보다 더 큰 화분으로 다시 분갈이를 해주세요. 만약 분갈이가 어렵다면 가장자리쪽 기존의 오래된 줄기는 조금 잘라주세요. 또 물의 양을 늘려주고 물을 주는 시기를 조금 앞당겨 보세요.

♣ 다바나 고사리

● 관리방법 ●

빛 : 밝은 빛이 있는 곳이 좋아요. 강한 햇빛보다는 반그늘이나 유리창을 한 번 통과한 빛이 있는 곳에서 키우세요. 더운 계절 강한 해에 직접적으로 노출이 되면 잎이 마르고 손상이 올 수 있어요. 햇빛이 조금 부족해도 잘 자라지만 빛이 너무 적은 곳에서 오래 키우면 줄기가 휘거나 잎의 색감이 어둡게 변할 수도 있어요.

물 : 건조로 인한 손상을 조심해야 합니다. 화분 겉흙이 마르면 아주 흠뻑 주세요. 계절에 따른 차이는 있지만 다른 때보다 기온이 높아지는 5~9월에는 매일 충분히 주세요. 특히 분갈이를 한 시기가 6개월이 지났고 그 사이 많은 성장을 했다면 화분 속의 뿌리는 꽉 차고 흙의 보습력도 떨어졌을 수 있어요. 이런 상황에서 날씨까지 더울 때는 물 주는 시기를 조금만 놓쳐도 잎이 축처지고 손상이 옵니다. 그때는 수돗가 등으로 옮겨서 흙에 물을 충분히 주고 처진 줄기와 잎이 다시 회복을 할 때까지 지켜봅니다. 하루 이상이 지나도 완전히 회복되지 않고 처진 줄기가 있다면 이 줄기는 잘라주세요.

화분과 분갈이 : 일반 연질화분에 있는 것을 구입해서 분갈이를 한다면 화분의 크기와 흙을 잘 선택해주세요. 실버레이디는 성장이 좋은 식물이라서 딱 맞는 화분보다는 앞으로 6개월~1년 정도를 고려해서 넉넉한 화분을 선택합니다. 실버레이디는 잎이 위로 솟구쳐 오르며 옆으로 퍼지는 특유의 수형으로 자라므로 그 부분을 고려해 화분 형태를 선택하면 줄기와 잎의 개성을 느끼길 수 있어요. 분갈이를 할 때 마사를 섞어도 성장에는 문제가 없지만 과습보다는 건조를 조심해야하는 식물이므로 물빠짐을 좋게 하는 마사는 소량을 섞거나 섞지않고 일반분갈이용흙만 사용하는 것을 추천합니다.

♣ 하트펀 고사리와 참피오니 고사리

12. 필레아 페페로미오이데스(*Pilea peperomioides*)

필레아 페페로미오이데스 꽃

동글동글 사계절 둥근 잎이 귀여운 필레아 페페로미오이데스는 키우기도 까다롭지 않아서 '순둥이'라는 별명을 갖고 있어요. 국내에 처음 등장하던 때는 구하기가 쉽지 않았지만 요즘은 많은 가드너들이 키우고 있는 식물이에요. 보통 긴 이름을 줄여서 '필레아'로 부르는데요. 필레아의 둥근잎은 얼핏보면 워터코인을 닮은 느낌이지만 여린 줄기의 워터코인과는 달리 위로 곧게 자라는 성질이 있어요. 목본류의 식물은 아니지만 작은 나무처럼 키울 수도 있어요.

필레아는 비교적 햇빛과 물관리 등에서 수월한 편이고 화분에서 새로운 개체인 자구도 많이 만들어서 번식도 쉬워요. 그래서 올바른 관리방법만 알면 식물초보자도 오랫동안 잘 키울 수 있어요. 뿐만 아니라 사무실이나 카페 창가 등 플랜테리어로도 좋은 식물이에요.

저는 아주 작은 필레아 모종을 선물 받은 후 지금은 수십 개의 화분으로 늘어나 선물도 많이 하고, 다양한 화분에 심어서 대가족으로 키우고 있어요.

필레아는 많이 있어도 크기나 식재한 화분따라 개성도 다르고, 사계절 동글동글 기분좋은 초록잎의 개성을 느낄 수 있어요. 하나만 키워도 예쁘고 대가족을 키워도 그 모습이 흐뭇하고 좋아요.

궁금해요! 알려주세요

Q. 몇 년간 잘 자라던 필레아가 자꾸 옆으로 쓰러지고 있어요. 처음 심었을 때 사진과 비교하면 키는 세 배 정도 자랐고 아래쪽부터 잎도 무성해요. 뿌리 주변에 새로난 개체도 여러 개가 있는데 어떻게 하는 것이 좋을까요?

A. 필레아는 성장이 빠른 편에 속해요. 처음 식재할 때는 모체에서 분리한 작은 아이였지만 환경이 좋아서 잘 자라면서 새잎은 무성해지고 위로 자라면서 그 부피도 많이 커졌어요. 그래서 무게를 감당하기 어려워 중심줄기가 옆으로 기우는 현상이 나타날 수도 있어요. 하지만 그대로 두면 어느날 완전히 쓰러지거나 줄기가 부러질 수도 있어요. 필레아의 키도 크고 아래쪽 잎이 너무 무성하다면 맨 아래쪽 잎은 가끔 따주면서 적절한 잎의 양을 유지하고, 뿌리쪽으로 올라온 자구의 숫자도 일정한 시기가 되면 분리하는 것이 좋아요. 필레아의 모체 주변으로 작은 필레아가 함께 있는 모습도 멋스럽지만 너무 많은 개체를 오랫동안 분리하지 않으면 문제가 생길 수도 있기 때문이에요. 아래쪽 잎은 제거를 하고 자구는 분리해서 다른 화분에 심어주세요.

Q. 베란다에서 겨울을 보내고 있는 필레아가 조금 이상해요. 잎의 표면과 가장자리가 불규칙하게 조금 벗겨진 것도 같고 원래의 초록색이 아닌 부분이 있어요. 병충해 일까요? 아니면 냉해일까요?

A. 겨울철 기온 변화로 인해 잎 표면에 흔하게 나타나는 현상으로 크게 문제가 되지는 않아요. 베란다가 영하로 떨어져 흙까지 언 것이 아니라면 뿌리나 줄기 등에는 문제가 없으므로 겨울이 지나고 새로나는 잎은 건강해요. 봄에 새잎이 많이 나고 풍성해지면 그때 표면에 얼룩이나 손상이 있는 잎은 모두 따주면 됩니다.

필레아 자구 분리하기

시기 : 모체의 목대나 뿌리 쪽에서 나온 자구가 0.7~1㎝ 이상이 되며 자구 줄기가 갈색으로 튼튼할 때가 좋습니다.

방법: 특별한 도구는 필요 없으며 손을 이용해 자구를 최대한 손상이 생기지 않도록 떼어냅니다. 흙속, 즉 뿌리쪽에서 올라온 자구라면 화분 깊숙한 곳까지 손을 넣어서 떼어냅니다.

새 화분에 자리 잡기 : 너무 작은 화분을 선택하면 몇 개월 후 성장이 왕성할 때 영양이 부족해 분갈이를 또 해야하는 경우가 있어요. 지나치게 큰 화분은 웃자람 원인이 될 수도 있으므로 필레아 부피를 고려해 조금 넉넉한 크기를 선택합니다. 갓 떼어낸 필레아를 분리 할 화분의 크기는 윗지름 10㎝이내, 높이 10㎝ 정도가 좋으며 그 크기에서 1년 이상 키울 수 있어요.

흙 : 분갈이 흙에 마사를 20% 정도 섞어 화분의 80% 정도 채운 후 조금 눌러줍니다. 그리고 가운데를 나무젓가락 등 뾰족한 도구로 구멍을 내고 그 사이에 필레아를 꽂듯이 넣어줍니다. 그리고 필레아가 넘어지지 않게 주변의 흙을 눌러주고 마사를 다시 추가합니다. 물을 줄 때는 어린 필레아가 쓰러지지 않도록 가장자리로 흠뻑 줍니다.

펠레아 페페로미오이데스의 새로운 개체(자구)

♣ 개성이 다른 필레아들

토분, 드리퍼·머그, 캐릭터화분 등 식재한 화분에 따라서 다른 분위기의 필레아

● 관리방법 ●

- 빛 : 유리창을 한 번 통과한 밝은 빛이 있는 곳이 좋아요. 더운 계절 강한 햇빛에 오래두면 잎의 표면이 화상을 입어요. 반면 빛이 지나치게 부족한 곳에서는 새로 생기는 잎은 아주 커지고 줄기는 길어지는 듯한 현상을 보여요. 강한 해는 피해서 밝은 곳에서 키워주세요.
- 물 : 겉의 흙이 바싹 마르면 흠뻑 주세요. 건조에도 강한 편이지만 너무 오래 물을 주지않으면 새잎이 잘 나지 않고 자구도 생기지를 않아요. 조금씩 매일 주는 것보다 겉의 화분이 바싹 마르면 배수구로 물이 흘러나올 만큼 흠뻑 주세요.
- 흙과 화분 : 일반 분갈이용 흙에 가는 굵기의 마사를 섞어서 분갈이 해주세요. 화분은 위가 너무 좁고 아래는 넓은 형태보다 아래쪽보다 윗부분이 조금 넓은 기본형태가 좋아요.

13. 직희남천(Nandina domestica Thunb.)

남천의 종류가 다양하지만 그 중에서도 가늘고 뾰족한 잎을 가진 직희남천은 늘어지는 잎이 개성 있는 품종이에요. 가늘게 자라는 잎과 줄기가 휘듯이 풍성하게 늘어지며 단풍까지 들면 그 매력이 배가 됩니다. 직희남천은 성장도 더딘 편이고 번식도 쉽지 않아서 아랫쪽, 즉 뿌리 부분 위의 줄기가 지나치게 많은 경우가 아니라면 가지치기를 최소한으로 하며 키워야 해요. 줄기가 늘어진다고 그때마다 자르면 고유의 잎이 풍성하게 늘어지는 모습을 보기가 어려울 있어요.

궁금해요! 알려주세요

Q. 잘 자라던 직희남천의 잎이 말라서 떨어지고 있어요. 새로 생기는 잎도 성장을 하기도 전에 말라서 떨어져요. 무슨 원인으로 이런 현상이 생기는 것일까요?

A. 남천과에 속하는 많은 품종이 햇빛과 물을 좋아해요. 해를 좋아하다보니 자연스럽게 필요한 수분의 양도 많은 것인데요. 처음 분갈이를 했을 때와 달리 시간이 지나면서 화분 속의 보습력도 떨어지고, 그로 인해 물부족이 온 것이에요. 화분의 크기와 계절, 흙의 비율 등에 따른 차이는 있지만 남천은 과습보다 건조에 손상을 많이 입는 식물이에요. 특히 가는 굵기의 잎은 수분이 부족할 경우 우수수 떨어져 내릴 수가 있어요. 화분의 흙에 마사가 너무 많다면 보습력이 좋은 흙으로 분갈이를 하고, 물의 양을 조금 더 늘려보세요. 특히 기온이 높은 5~9월에는 물관리에 더 많은 신경을 써주세요.

관리방법

빛 : 그늘진 곳보다 밝은 해가 있는 곳이 좋아요. 더운 계절에는 화분에 식재한 직희남천을 강한 햇빛에 오래두면 화분 흙은 금세 마르고 이로 인해 잔잎도 말라서 손상이 올 수 있어요. 한낮 기온이 25도 이상 더운 계절, 야외에 둔다면 낮 시간에는 그늘이 생기는 곳이 좋아요.

물 : 겉 흙이 마르면 아주 흠뻑 주세요. 표면이 지나치게 바싹 말랐을때까지 기다리는 것보다 표면이 조금 말랐을 때 흠뻑 줍니다. 과습보다 건조로 인한 잎과 줄기 손상이 많아요. 계절에 따른 차이가 있지만 1~2일에 한 번씩 충분히 주세요. 한여름은 매일 주세요.

흙 : 일반 분갈이용 흙에 가는 굵기의 마사를 섞어서 심어요. 마사를 지나치게 많이 섞으면 물빠짐이 너무 빨라서 건조가 올 수 있으므로 그부분을 고려해서 흙의 비율을 조절해주세요.

14. 장미(*Rosa hybrida*)

지구상에 수많은 꽃들이 존재하지만 장미만큼 대중적이고 폭넓은 사랑을 받는 꽃이 얼마나 될까, 싶어요. 장미(rose)는 장미과에 속하는 식물을 이르는 통칭으로 18세기 말에 아시아의 각종 원종이 유럽에 도입되고, 이후로 유럽은 물론 아시아 원종간의 여러 교배가 이루어져 다양한 품종이 만들어졌어요.

18세기 이전의 장미를 고대장미(old rose), 19세기 이후의 장미를 현대장미(modern rose)라고 불렀어요, 장미는 온대성의 상록성 관목으로 햇빛을 좋아하는 꽃식물이에요. 절화로는 비닐하우스 재배가 이루어져 사계절 만날 수 있지만 야외에 식재하거나 화분의 경우 주로 5~6월에 꽃을 풍성하게 볼 수가 있어요. 상록성 꽃식물이지만 생육하기 좋은 온도인 24~27도를 유지할 수 없는 때에는 잎이 떨어지고 꽃도 피지 않아요. 0도가 되면 잎이 지면서 휴면에 들어가기 때문에 주택가의 장미 울타리는 오월에 가장 예쁘게 볼 수 있어요.

궁금해요! 알려주세요

Q. 이른 봄에 구입해서 베란다 화분에서 키우고 있는 미니 장미가 꽃이 제대로 피지 않고 있어요. 구입한 후 처음에 몇 송이는 활짝 피었지만 다른 꽃송이들은 피기도 전에 모두 말랐어요. 아래쪽 잎도 누렇게 변해 떨어지고 있어요. 꽃이 제대로 피지 않는 원인이 무엇일까요?

A. 장미는 햇빛과 바람을 좋아하는 야생생육이 강한 식물이에요. 요즘은 개량된 작은 품종이 비닐하우스 같은 환경이 좋은 전문 농장에서 생산되어 초겨울부터 유통이 되는데요. 집 베란다 등 실내에서 오래 키우기를 원한다면 환경적인 부분에서 고려가 필요해요. 집 베란다 등은 농장보다 통풍이나 습도 등의 원인으로 꽃이 채 피지 않거나 잎의 손상 등의 문제가 생길 수 있어요. 우선 햇빛이 가장 좋은 곳, 바람이 잘 드는 창가에 두고 아래쪽 잔줄기와 잎은 제거해주세요.
농장의 장미가 시중에 유통될 때는 장미 화분에 따라서 꽃봉오리의 크기와 개화 시기에 차이가 생겨요. 작은 꽃봉오리가 피기까지는 햇빛과 물이 충분해야하는데 햇빛의 양의 부족한 것은 아닌지, 흙 속의 물은 충분한지 한 번 체크해 보세요.

관리방법

노지가 아닌 화분에 식재한 경우

- **빛** : 강한 햇빛이 있는 곳에서 관리합니다. 햇빛의 양이 많을수록 잎이 건강하고 병충해에도 강해요. 베란다나 집에서 키우는 경우 햇빛이 충분하지 않으면 꽃봉오리가 생기지 않거나 꽃이 피기 전에 마를 수도 있어요.
- **물** : 화분 겉흙이 바싹 마르면 흠뻑 줍니다. 화분의 흙이 너무 건조하면 줄기와 잎이 말라서 손상이 올 수 있어요.
- **가지치기** : 미니 품종의 경우 3~4개의 개체가 함께 식재된 경우가 많아요. 꽃의 풍성함을 위한 것인데 꽃이 진 후는 다른 화분에 나누어 심거나, 그대로 키운다면 아래쪽 잔줄기와 잎을 일부 제거해서 통풍이 잘되도록 해주세요. 꽃이 진 가지는 꽃대와 함께 바싹 잘라줍니다.
- **영양** : 여름철을 건강하게 잘 났다면 가을에 영양을 보충할 수 있는 비료를 흙 위에 조금 올려주세요. 꽃봉오리를 풍성하고 건강하게 만드는데 도움이 됩니다.
- **꽃이 핀 장미 화분을 구입했다면** : 강한 햇빛에는 꽃의 수분이 많이 소모되어서 꽃이 빨리 시들 수 있어요. 강한 햇빛은 피하고 저녁에는 실내에 두고 꽃감상을 하는 것도 좋아요. 꽃이 시들면 그 꽃봉오리는 모두 잘라줍니다.

15. 호주매(*Leptospermum scoparium*)

줄기가 위로 뻗으며 자라는 꽃식물인 호주매는 호주에서 뉴질랜드로 퍼진 식물로 알려져 있어요. 바늘같은 가느다란 잎을 만들며, 봄에 피는 꽃이 매화꽃을 닮아서 '호주매화'라고도 불러요. 다년생 관목식물인 호주매화는 홑꽃과 겹꽃이 있으며 색상은 하얀색, 분홍, 자주 등 다양해요. 주로 풍성한 꽃보오리가 생기는 봄에 많이 유통되고 있어요.

호주매는 일정 기간 꽃을 보고 난 후에는 잔잎이 우수수 떨어져 내리고 여름이 끝나기도 전에 가지가 마르거나 병충해 등이 생길 수도 있어요. 하지만 햇빛이 좋은 곳에서 물이 부족하지 않도록 충분히 주며 관리한다면 사계절 건강하게 함께 할 수 있어요. 호주매를 키운다면 꼭 기억해야 할 세가지가 햇빛과 바람, 물이에요. 봄에 꽃을 본 후에는 햇빛과 통풍이 잘 되는 곳에 두고, 물이 부족하지 않도록 관리해주세요. 뿌리 활동도 왕성한 편이라서 식재한 화분의 크기와 흙의 보습력을 꼭 체크하고 키워야 오래 함께 하며 다음 해에 꽃을 볼 수 있어요.

♣ 호주매 분갈이

: 뿌리로 꽉찬 플라스틱 화분의 호주매를 구입했다면 기존 화분에서 꺼내 큰 화분으로 분갈이 합니다.

궁금해요! 알려주세요

Q. 며칠 동안 집을 비우면서 물을 말려서 잔잎이 우수수 떨어져 내렸어요. 그래서, 남아 있는 잎이 많지가 않아요. 어떻게 회복해야 할까요?

A. 우선 가지를 천천히 흔들어서 손상된 잎은 모두 털어냅니다. 물이 부족하면서 잎과 잔가지가 손상이 온 것인데요. 손상잎을 완전히 털어내고 가지 끝을 살짝 휘어서 손상이 온 가지는 모두 잘라냅니다. 완전히 마른 가지는 휘어보면 뚝 부러지는 경우가 많아요. 이 가지는 회복이 어려우므로 모두 잘라내고 햇빛이 좋은 곳으로 옮긴 후 화분에 물을 충분히 줍니다. 평소보다 물의 양을 늘리고 새잎과 줄기가 나는 것을 지켜보면 됩니다.

● 관리방법 ●

- **빛** : 햇빛을 좋아합니다. 그늘보다는 햇빛이 아주 좋은 곳, 바람이 잘 통하는 곳에서 관리해주세요. 빛이 충분해야 꽃봉오리도 풍성하게 생기며 잎도 건강합니다.
- **물** : 화분의 흙이 너무 건조하지 않도록 해주세요. 과습보다 뿌리 건조를 조심해야하는 식물이에요. 물이 부족하면 바늘같은 잎이 우수수 떨어지고 가지도 손상이 와요. 특히 꽃봉오리가 생기기 시작하는 가을부터 시작해 꽃이 핀 봄에도 흙 속의 수분이 부족하지 않도록 해주세요.
- **가지치기** : 꽃이 완전히 진 후가 좋아요. 꽃이 진후 새로 올라온 줄기가 일반 줄기보다 많이 솟구치듯 자라는데 이때 가위로 가지치기를 해주세요. 가을부터는 꽃눈이 생기기 시작하므로 이때는 가지치기를 하지 않는 것이 좋아요.
- **흙과 화분** : 너무 딱 맞는 화분보다 앞으로의 성장과 꽃관리를 위해 조금 넉넉한 화분에 식재해주세요. 물빠짐이 너무 좋은 마사는 소량으로 섞거나 섞지않고 보습력이 좋은 분갈이용 흙을 사용합니다.

16. 목마가렛*(Argyranthemum frutescens)*

예쁜 봄꽃들 중에서도 그 어여쁨에서 빠질 수 없는 꽃이 바로 목마가렛이에요. 목마가렛은 꽃초롱꽃목 국화과에 속하는 여러해살이로 아프리카 카나리아섬이 원산지로 키가 1m까지 자라는 목본류의 식물이에요. 뿌리 위로 올라온 가지는 목질이며, 잎은 깃 모양으로 갈라지는데 쑥갓을 닮았어요. 그래서 꽃이 피지 않는 때에 보면 쑥갓인가, 하는 분도 있어요. 하지만 봄부터 꽃이 피면 수수한듯하면서 풍성한 꽃으로 인해 많이 사랑받는 꽃식물이에요.

목마가렛은 겹꽃과 홑꽃이 있으며 그 종류도 다양해요. 꽃은 흰색과 노랑, 분홍, 자주 등 여러가지 색상이 있어요. 품종에 따른 차이는 있지만 꽃은 보통 2월부터 8월까지 길게 볼 수 있어요.

2월부터 8월까지 꽃을 피우는 목마가렛

궁금해요! 알려주세요

Q. 봄에 구입해 분갈이 후, 해가 좋은 곳에 두고 키우고 있어요. 꽃봉오리가 많이 생겼는데 꽃이 피지 않고 말라요. 무슨 원인일까요?

A. 목마가렛은 뿌리 활동이 왕성하고 햇빛과 물을 좋아해요. 그러다보니 분갈이를 한 후 2~3개월 정도가 지나면 화분 속의 뿌리는 더 늘어나고 물과 햇빛으로 인해 화분 속의 보습력은 많이 떨어지게 돼요. 봄과 달리 기온이 높아지면서 수분 증발은 더 빨라지므로 물을 충분히 주세요. 저녁에는 저면관수를 해서 수분보충을 하는 것도 좋아요. 봄에 분갈이를 한 경우라도 해가 좋은 곳에서 키우면 꽃봉오리가 늘어나면서 흙 속의 보습력과 영양도 많이 떨어져요. 이 부분을 고려해서 추가적인 분갈이나 수분의 양을 늘려주세요.

Q. 날씨가 더워지자 전에 없던 진딧물이 생겼어요. 아직도 꽃봉오리가 많이 생기고 꽃이 지속적으로 피고 있는데 어떻게해야 할까요? 진딧물을 없애고 꽃을 계속 볼 수 있는 방법은 무엇인가요?

A. 주로 초봄에 꽃이 피기 시작해서 날씨가 따뜻해지고 햇빛이 좋으면 잔가지와 꽃눈의 활동이 활발해요. 목마가렛의 풍성한 꽃을 보기에 더 좋아지는 때지만 진딧물의 공격도 늘어나요. 꽃봉오리가 늘어나면 진딧물은 주로 꽃봉오리 바로 아래쪽에 많이 생기는데 하나하나 꼼꼼하게 살펴본 후 면봉이나 물티슈 등을 이용해 제거해주세요. 오래 방치한 경우가 아니라면 그 방법으로도 없앨 수가 있어요. 하지만 진딧물이 지나치게 많거나 그런 줄기가 있다면 바짝 잘라주거나 전용 약을 뿌려야 제거를 할 수가 있어요.

Q. 여름이 되면서 꽃송이의 크기가 작아졌어요. 봄에 꽃이 필 때와 비교해보면 꽃송이는 2/3정도예요. 무엇이 문제일까요?

A. 목마가렛은 이른 봄부터 꽃이 피기 시작해 한여름까지 비교적 길게, 많은 꽃을 볼 수 있어요. 하지만 더위가 시작되고 한낮 기온이 30도를 넘어가면 꽃봉오리의 크기에 변화가 생겨요. 분명 같은 화분의 꽃인데 꽃이 눈에 띄게 작아지는 것을 느낄 수가 있어요. 그 이유는 높은 기온과도 연관이 있어요. 일정기간 꽃이 건강한 모습으로 피려면 적절한 빛에 수분이 유지되어야하는데 강한 해와 높은 기온을 견디기 위해 에너지를 많이 사용했기 때문이에요. 꽃송이가 작아진 것은 큰 문제는 아니에요. 다만 화분에 처음 식재할 때와 비교해서 줄기와 꽃이 많이 늘어났다면 더 큰 화분으로 분갈이를 해주세요. 뿐만 아니라 물의 양도 늘려서 줄기와 꽃에 수분이 충분하도록 관리해주세요.

아랫쪽 줄기를 제거해서 통풍이 잘되도록 하기

저면관수로 추가 수분 보충하기

알비료 추가하기

시든 꽃대 자르기

♣ 목마가렛의 봄, 여름

● 관리방법 ●

빛 : 강한 햇빛을 좋아해요. 특히 꽃봉오리가 생기는 봄에는 강한 햇빛을 많이 받을수록 건강한 꽃봉오리가 생깁니다. 빛이 적은 곳에서는 꽃봉오리가 적게 생기며 잎과 줄기에 진딧물이 생길 수 있어요.

물 : 화분 겉흙이 마르면 흠뻑 주세요. 물이 부족하면 꽃봉오리가 생기지 않거나 꽃이 핀 경우 빨리 시들 수 있어요. 기온이 올라가는 6~8월에는 저녁에 저면관수를 하면 수분유지에 도움이 됩니다.

줄기정리, 가지치기 : 뿌리에서 가까운 줄기쪽의 잎이나 잔가지는 모두 제거해주세요. 바람과 햇빛을 적게 받는 부분이므로 잔가지와 잎을 제거해야 건강을 유지하는데 도움이 됩니다.

흙과 화분 : 너무 딱 맞는 크기보다 조금 넉넉한 것을 선택합니다. 목마가렛은 뿌리활동이 왕성하며 꽃이 피어 있을 때 많은 양의 물을 필요로해서 화분이 딱 맞으면 흙이 빨리 건조해질 수 있어요. 물빠짐이 너무 좋은 마사는 소량으로 섞거나 넣지 않고 보습력이 좋은 분갈이용흙만 이용하는 것도 좋아요. 마사를 섞어서 분갈이를 한다면 그 부분을 고려해 물의 양을 늘려 주세요.

꽃 : 목마가렛은 햇빛과 물이 좋으면 꽃을 풍성하게 오래 볼 수 있어요. 시든 꽃대는 잘라주세요. 꽃대 정리를 해야 새로운 꽃봉오리가 생기기 수월하며 다른 꽃을 더 길게 볼 수 있어요.

17. 제라늄(*Pelargonium inquinans*)

미세스 타란트

다양한 색감의 아름다운 꽃을 보는 관상기간이 긴 꽃식물, 제라늄은 남아프리카에 자생하는 온대꽃식물이에요. 홈가드닝은 물론 지속적으로 인기가 늘고 있는 꽃식물로, 아파트 베란다를 제라늄 꽃밭으로 만들어 사계절 꽃을 보는 제라늄 마니아도 늘고 있어요. 뿐만아니라 제라늄은 건물의 실내 화단, 벽장식으로도 식재되며, 플라워박스, 행잉바스켓 등으로도 다양하게 이용되고 있어요.

지금은 제라늄의 품종과 재배종이 워낙 많아서 이름을 일일이 열거하기도 어려울 정도예요. 그만큼 다양한 꽃을 볼 수 있는 즐거움을 주는 꽃식물 제라늄은 오늘도 부지런히 꽃을 피우고 있습니다.

궁금해요! 알려주세요

Q. 남향 아파트 베란다에 키우는 제라늄의 잎이 겨울과 달리 여름이 되니 점점 커지고 줄기도 위로 길게 자랐어요. 꽃은 아주 작게 피어서 줄기와 함께 늘어져서 부러질 것 같아요. 줄기와 잎은 건강하게 꽃은 풍성하게 키울 수 있는 방법은 없나요?

A. 햇빛이 부족한 것이 원인이에요. 더운 계절 강한 햇빛에 오래 있으면 잎이 타고 꽃봉오리도 빨리 시들지만 햇빛이 너무 부족해도 줄기는 빛을 찾아 그 방향으로 길게 웃자라고 꽃봉오리도 덜 생겨요. 남향 아파트는 가을부터 겨울은 햇빛이 좋아서 제라늄의 잎과 꽃을 건강하고 예쁘게 보기 좋은 환경이에요. 반면 해가 적게 드는 봄, 여름은 제라늄이 웃자라거나 꽃이 피는데 빛이 부족할 수 있어요. 햇빛이 가장 잘 드는 쪽으로 제라늄을 옮기고 관리해주세요.

제니

관리방법

빛 : 강한 햇빛보다 유리창을 한 번 통과한 빛이 많이 드는 곳이 좋아요. 그래야 잎과 꽃을 건강하게 볼 수 있어요. 햇빛이 너무 부족하면 꽃이 피지 않거나 꽃봉오리가 작게 올라옵니다.

물 : 겉의 흙이 바싹 마르면 흙에 흠뻑 줍니다. 습도가 높은 여름철에는 물 주기를 최소한으로 줄입니다. 건조보다는 과습을 조심하세요.

흙과 화분 : 일반 분갈이용흙을 이용해서 식재를 합니다. 너무 큰 화분보다 제라늄 부피에 맞는 적당한 크기를 선택해 주세요. 화분이 너무 크면 습도가 높은 여름철에는 과습 등이 올 수 있어요.

번식 : 씨앗 파종으로도 할 수 있고, 잘 자라는 제라늄 모체에서 줄기를 잘라서 삽목으로 번식할 수 있어요.

보글보글, 웨이브의 잎에서 진한 향기를 풍기는 본트로사이

송살구

스완랜드 핑크

제니라는 이름으로 더 많이 불리는 미시즈 퀄터

엘라니즈 시크릿러브

티파니

이르마

멀리블룸 라이트살몬

애플블라썸

18. 율마(Cupressus macrocarpa 'Wilma')

계절과 특정 시기에 따라서 유행을 이끄는 식물도 있지만 율마는 꾸준히 사랑받고 있어요. 측백나무과에 속하는 율마의 정식 명칭은 골드크레스트 윌마예요. 시중에서는 "율마"로 불러요. 건강한 율마의 잎끝을 손으로 스치듯 만지면 레몬처럼 상큼한 향기가 기분 좋아요. 사계절 변함없이 그 기분 좋은 율마의 초록빛을 느끼며 오래 함께 하고 싶다면 올바른 관리방법과 가지치기, 분갈이 등을 제대로 알고 키워야 해요. 전문 농장에서 삽목으로 키워 유통되는 율마 중에서 많은 숫자가 1~2년을 채 넘기지 못하고 손상되는 걸로 추정되고 있어요. 올바른 관리방법을 알면 오랫동안 율마의 초록과 함께 할 수 있어요.

♣ 율마와 단짝되기 : 율마가 가장 좋아하는 두 가지

1) 율마와 물 : 물을 정말 좋아해요.

식물에게는 필요한 적절한 물과 햇빛의 양이 있어요. 율마도 무조건 물만 많이 주면 잘 자라는 것은 아니에요. 하지만 율마는 줄기와 잎이 물을 많이 흡수해도 수분을 잘 견딜 수 있어요. 율마는 목본류(木本類)의 식물로 성장을 할수록 목질화되면서 줄기 세포벽에 '리그닌(lignum)'이 축적되어 식물이 바깥과 더 단단한 경계를 쌓아요. 리그닌은 식물을 지지하는 것은 물론 물과 무기염류를 수송하고 병원체의 차단과 남은 수분도 잘 관리해 율마에게 특별한 이상을 일으키지 않아요. 일부 온라인이나 꽃집 등에서는 물을 많이 주면 '과습으로 갈변이 된다'고 하는데 잘못된 정보예요. 남부지역의 야외 정원에서 사계절을 키우며 한 달 가까이 장맛비에 노출이 되어도 문제가 없는 것만 봐도 쉽게 알 수 있어요. 키우는 율마와 화분 크기, 장소, 계절을 고려해 물이 부족하지 않게 많이 줘야 해요. 혹시 물의 양이 너무 많을까, 하는 걱정을 접고 키우면 됩니다.

2) 율마와 햇빛

율마는 햇빛을 정말 좋아해요. 햇빛을 많이 받아야 특유의 밝은 색감을 유지하고 잎도 부들거리지 않고 건강해요. 햇빛이 좋은 곳에서 자라는 율마일수록 잎이 예쁘면서 피톤치드도 많이 나와요. 율마에게 햇빛은 최고의 영양제라고 할 수 있어요. 이 영양제는 물과 함께 할 때 제대로 효과를 발휘해요. 해가 좋은 곳은 더운계절, 율마 흙이 너무 빨리 마를 수 있어서 그 부분을 고려한 분갈이나 아침저녁 충분한 물주기를 해야 해요. 한여름 높은 기온의 강한 햇빛도 율마에게는 나쁘지 않아요. 하지만 화분에 심은 율마라면 강한 해에 흙의 수분이 빨리 사라진다는 점을 고려해서 화분을 큰 것으로 선택하거나, 약간 그늘이 생기는 곳에 두는 것도 좋아요. 땅에 심은 율마라면 한낮 햇빛이 너무 많을까, 하는 걱정은 하지 않아도 됩니다.

손상된 율마는 어떻게 회복하나요?

우선 무슨 원인으로 손상이 왔는지를 알아야 해요. 수분 공급을 오랫동안 못해서 물이 부족한 것인지, 화분이 작아서 서서히 온 손상인지 등 그 원인을 알아야 회복할 방법을 찾을 수 있어요.

- **물이 부족한 경우** : 단순히 긴 시간 물을 못줘서 줄기와 잎의 손상이 온 것이라면 흙에 충분히 물을 줍니다. 3~4시간 간격을 두고 지속적으로 물주기를 합니다. 그리고 손상된 부분을 찾아서 가위로 잘라주세요. 갈색으로 한 번 손상이 오면 회복이 어려우므로 갈변이 된 줄기는 완전히 잘라주고 물을 충분히 준 후 해가 좋은 곳에 두세요.
- **화분이 작은 경우** : 율마는 분갈이를 한 후 햇빛과 물의 양만 충분하면 잘 자라요. 더불어 자라는 화분이 작아서 같은 양의 물을 줘도 흙의 보습력은 떨어지고 뿌리는 점점 늘어나 화분 속에서 부피를 차지해요. 시간이 지나 화분이 작은 경우라면 기존 화분의 2배 가까운 크기에 화분갈이를 하고, 손상된 줄기를 모두 잘라주세요
- **속잎의 통풍이 부족한 경우** : 잎이 빼곡하고 풍성한 율마는 보기에도 좋아요. 하지만 더운 계절이나 점점 성장을 해서 잔잎의 부피가 커질수록 율마의 속잎은 햇빛의 양은 적게 받고, 통풍이 되지 않아서 갈색으로 마르며 손상이 옵니다. 이 때는 속부분의 손상된 가지를 잘라주세요. 그래도 속이 너무 빼곡하다면 문제가 없는 줄기도 조금 솎아내듯이 가지치기를 해주세요.

율마 계절별 관리가 궁금해요.

율마는 그 크기따라, 식재한 화분따라, 키우는 장소에 따라 물주기 요령을 정확히 알고 키워야 합니다.

- **실내 율마, 여름철 관리하기**

  여름철은 베란다 온도가 높고 잎 사이의 통풍이 원활하지 않아서 율마에게 조금 힘든 시기예요. 공기 순환이 비교적 잘되는 가을, 겨울과 달리 덥고 높은 습도의 공기가 잎이 빼곡한 율마의 속 통풍을 방해해 크고 풍성한 율마일수록 속잎이 갈색으로 손상되기도 해요. 실내 큰 율마라면 속통풍을 위해 적절하게 속가지를 잘라내고 화분의 크기는 적당한지, 흙의 보습력은 좋은지 체크를 해주세요.

- **야외 율마, 여름철 관리하기**

  야외 율마는 7~9월 물주기가 정말 중요해요. 화분에 식재한 율마라면 보통때는 통을 이용해 물을 주고 욕실에 들여 샤워호스로 흙에 흠뻑 주고 2~3시간마다 물주기를 반복합니다. 그렇게 하면 율마 잔잎에 충분한 수분도 보충할 수 있어서 더운 계절에 율마를 건강하게 관리하는데 도움이 됩니다. 이렇게 야외에 키우는 율마라면 지속적으로 아래 물통 등에 물을 받아 화분을 놓아두는 저면관수보다 화분 배수구로 물이 흘러나오도록 흙에 흠뻑 주는 것이 좋아요. 지속적으로 저면관수로 물을 주는 것은 율마 화분 흙이 적당히 숨쉬는 것을 방해하기 때문이에요.

  화분에 식재한 율마는 비가 올 때도 강수량에 따라 물주기를 해야 하는 경우가 많아요. 상업공간 야외에서 율마를 키우거나, 집 정원 야외에서 율마를 키우는 경우 율마 크기와 화분크기, 장소에 따라 단순히 횟수보다 제대로 된 양의 물을 줘야 합니다.

♣ 율마 수형만들기

가지치기 : 율마는 언제, 어떤 방법으로 손질하는 게 좋을까요?

율마는 적절한 시기에 가지와 잔잎 등을 손질해야 해요. 처음 구입해서 식재할 때와 성장해서 큰 화분으로 분갈이를 할 때 손질이 필요해요. '율마는 가위로 손질하면 갈변이 온다'라고 알고 있는 경우가 있는데 잘못된 정보에요. 가위로 줄기를 자르면 끝이 살짝 갈색으로 변하지만 이것은 율마 줄기와 여린 잎이 절단되면서 그곳에 흐르던 수액이 마르면서 생기는 자연스러운 현상이에요. 곧 그 주변으로 새순이 나면서 풍성하게 덮어요. 율마를 가위로 가지치기를 한 후, 며칠 후부터 줄기 전체로 갈변이 왔다면 이 현상은 가위와는 상관이 없어요. 다만 그 시기에 물을 적게 먹어서 물부족이 온 것일 수 있어요.
손질을 할 때는 힘이 있고 큰 줄기는 꼭 가위를 이용하고, 연한 줄기의 끝순은 손을 이용해서 따주세요. 손질 경험이 적다면 지나치게 많은 줄기나 잎을 따는 것은 조심합니다.
율마의 특정 수형만이 좋은 건 아니에요. 저마다 개성있고 좋지만 율마가 사계절 성장이 좋고 오래 자라는 나무라는 특성을 고려하면 적절한 수형을 만들어 주는 게 중요해요. 특히 아래쪽 줄기를 많이 제거하고 윗부분으로 동그랗게 모아 키우는 모양으로 흔히 '사탕율마'라고 부르는 수형은 베란다 등에서 율마를 적절한 크기로 유지하면서 햇빛과 물관리를 하는데 도움이 됩니다. 또 윗부분만 적당히 모아 키워서 속통풍이 비교적 원활한 장점이 있어요.

♣ 중품율마 손질한 후 분갈이하기

: 시중에 판매하는 중품 이상의 율마를 구입한 경우라면 전체적인 수형을 살펴본 후 적절한 가지치기와 분갈이를 해줍니다.

맨 아래쪽 가지와 손상된 가지를 제거해서 속통풍이 원활하도록 해줍니다.

보습력이 좋은 분갈이용 흙을 사용해서 더 큰 화분으로 분갈이를 합니다.

궁금해요! 알려주세요

Q. 율마에게 맞는 화분 크기와 흙은 어떤게 좋을까요?

A. 율마를 구입하면 기존에 있는 플라스틱 화분 3배 이상의 넉넉한 크기의 화분을 선택해요. 또 흙은 물빠짐이 너무 좋은 마사를 최소한으로 사용하거나 섞지 않는 것이 좋아요. 마사가 율마 성장에 문제가 되는 것은 아니지만 시간이 지날수록 물이 너무 빨리 말라서 물부족이 올 수 있기 때문이에요. 또 율마가 성장하기 시작하면 1년에 1회 이상은 화분을 큰 것으로 바꾸거나 보습력이 좋은 흙을 추가해 주세요.

Q. 율마의 가지치기를 한 부분의 줄기 끝이 약간 갈색으로 변했어요. 가위로 가지치기를 해서 갈변이 온 것일까요?

A. 율마의 가지를 자르면서 그곳을 흐르던 수액이 마르면서 약간 갈색으로 보이는 것이에요. 끝 부분이나 그 주변만 조금 그런 현상이 있는 것이므로 큰 걱정없이 물만 주면 됩니다. 율마는 부드러운 끝부분은 손톱을 이용하지만 줄기에 어느정도 힘이 있는 경우라면 가위를 이용해서 가지치기를 하면 됩니다. 간혹 가지치기를 하고 율마 전체가 갈변이 되었다고 가위에서 문제가 생긴 경우로 착각할 수도 있어요. 하지만 그것은 물이 부족한 것이 원인이 되어 가지치기 시기와 맞물리면서 그렇게 느껴지는 것이에요. 율마의 가지치기는 가위를 이용하고 부드러운 끝순만 손을 이용합니다.

● 관리방법 ●

빛 : 사계절 햇빛이 가장 좋은 곳에서 키웁니다. 실내의 빛이 적은 곳에서는 건강하게 오래 관리하기에 어려움이 있어요. 베란다가 있다면 햇빛이 가장 좋은 창가쪽에서 관리하고, 빛이 적은 거실 안쪽이나 방에 오래 두지 않습니다. 율마는 햇빛을 많이 받아야 잎이 건강하며 특유의 향기도 좋아요.

물 : 물을 좋아해요. 햇빛을 많이 보는 만큼 그에 맞게 화분 속의 흙에 수분이 부족하지 않아야 촘촘한 잎의 건강을 유지합니다. 과습보다는 건조를 조심해야하는 식물이에요. 화분의 크기와 계절에 따른 차이가 있지만 화분 겉흙이 마르면 흙에 아주 흠뻑 줍니다. 화분이 작다면 그만큼 물마름도 빨리 오게 되므로 신경을 써서 주세요. 날씨가 더울 때는 화분 흙이 더 빨리 건조해지므로 배수구로 물이 빠져나올 때까지 충분히 줍니다.

흙과 화분 : 화분은 율마의 키와 부피를 고려해 넉넉한 크기를 선택합니다. 휴면기가 별도로 없는 율마는 햇빛을 많이 보고 물도 많이 줄수록 건강하므로 너무 딱 맞는 화분은 흙이 빨리 건조해져 율마가 물부족이 올 수 있어요. 흙을 선택할 때는 보습력이 좋은 일반 분갈이용흙만 사용합니다. 마사를 섞어도 율마에게 해가 되는 것은 아니지만 물마름이 빨리 오게되므로 섞지 않는 것이 더 좋아요.

19. 블루버드(*Chamaecyparis pisifera 'Boulevard'*)

부드러운 깃털 같은 잎이 매력적인 블루버드는 사계절 변치않는 잎이 멋스러운 화백이에요. '서리화백', '비단삼나무', '파랑새나무'라는 별칭을 갖고 있는 블루버드는 일본이 원산지로 알려져있지만 영국 등 유럽에서 정원수로 사랑받는 나무예요. 얼핏보면 작은 새의 꽁지 같기도 한 잎은 손으로 살짝 만지면 아주 주드러운 촉감이에요. 초록빛깔 잎에 흰눈이 살짝 내린 것 같은 푸르스름한 색감은 그 이름을 누가 붙였는지 참 잘지었다, 싶은 생각이 들어요. 파랑새가 있다면 이런 깃털을 갖고 있을까, 혼자 상상해보게 돼요.

궁금해요! 알려주세요

Q. 지름 10㎝ 정도의 플라스틱화분의 작은 블루버드를 구입한 후 두 배 정도 크기의 화분에 분갈이를 했어요. 2년 정도가 지나니 잎이 너무 무성해졌어요. 아래쪽과 잎사이를 들춰보면 갈색으로 마른 부분도 있어요. 속이 마르는데 영양이 부족한 것일까요? 가지치기는 어떻게 할까요?

A. 햇빛과 물 관리를 잘 해준 덕분에 블루버드가 건강하게 성장한 것 같아요. 블루버드가 잘 자라면 그에 맞는 가지치기나 잎 사이의 통풍 등을 위한 손질은 필요해요. 크기나 모양에 따른 손질 방벙이 다르지만 기본적인 가지치기는 크게 차이가 없어요. 우선 뿌리 맨 위쪽, 즉 아래쪽 화분과 가까운 줄기는 물줄 때와 통풍을 위해 잘라주세요. 그리고 바깥이 아닌 안쪽을 손으로 들춰서 줄기가 너무 빼곡하면 속잎의 통풍을 위해 잔줄기를 조금 잘라내주세요. 또 위나 옆으로 지나치게 돌출되어 자라는 가지가 있으면 이 부분도 잘라주세요. 가지치기를 수시로 할 필요는 없지만 일 년에 한 두 번 정도는 손질을 해야 건강한 블루버드를 볼 수 있어요.

● 관리방법 ●

빛 : 햇빛을 좋아합니다. 그늘진 곳보다 밝은 해가 좋은 곳에서 키우면 잎색의 고유함도 볼 수 있으며 새잎도 풍성하게 납니다.

물 : 겉의 흙이 마르면 아주 흠뻑 줍니다. 과습보다는 건조로 인한 손상을 조심해주세요. 물이 부족하면 잎이 마를 수 있으므로 기온과 장소, 계절 등을 고려해 충분히 주세요. 기온이 올라가는 5월부터는 흙이 너무 건조해지지 않도록 관리합니다.

흙과 화분 : 너무 딱 맞는 화분보다 약간 넉넉한 화분에 분갈이용흙을 이용합니다. 마사를 섞어도 성장에는 문제가 없지만 물빠짐이 지나치게 빠를 수 있으므로 그 부분을 고려해 흙의 비율을 정합니다.

♣ 뿌리가 꽉찬 블루버드 분갈이

20. 진백나무(*Juniperus chinensis Var.*)

향나무과에 속하는 침엽수 진백나무는 여러 종류의 향나무 중에서도 촘촘한 비늘잎이 개성적인 나무예요. 진백나무는 일본과 중국 등지에 많이 분포하는 나무지만 우리나라 전국의 고산지대에 자생하는 종류도 있어요. 비슷한 수종으로는 참향나무, 눈향나무 등이 수목원이나 정원수로 많이 식재되고 있어요.
잘 자라는 진백나무에서 은은하게 풍기는 향은 머리를 맑게 해주는 것으로 알려져 있으며, 성장이 느린 특징이 있고 분재나 다양한 장소의 조경수로도 가꿀수 있어요.

봄이 지나고 진백나무의 윗부분으로 돌출된 가지 자르기: 표면을 돌려 깎는 것이 아니라 돌출된 가지 안쪽으로 가위를 넣어 잘라줍니다.

손질하기

Q. 촘촘한 초록잎에 수형까지 멋져서 구입한 후 거실에서 키우고 있어요. 물은 일주일에 2번 정도 주고 6개월 정도 관리했어요. 하지만 얼마전부터 원래의 건강하던 초록빛은 사라지고, 잎도 갈색으로 말라서 조금만 건드려도 우수수 떨어져내려요. 무슨 원인일까요?

A. 우선 잎이 갈색으로 변해서 우수수 떨어지는 것은 잔가지까지 많이 손상된 것으로 보여요. 키우는 장소가 거실이라면 햇빛이 부족한 것도 원인이고, 물 부족도 함께 있는 것으로 추측돼요. 진백나무가 실내식물이 아닌 야외에서 건강하게 자라는 목본류인데 거실에서 햇빛과 통풍 등의 부족으로 문제가 생긴 것 같아요. 우선 갈색으로 변한 잎을 다 털어내고 완전히 손상된 잔가지는 잘라주세요. 그 다음 흙에 물을 아주 흠뻑 주고 베란다 해가 가장 좋은 곳으로 옮겨서 관리해 주세요. 물도 겉흙이 마르면 아주 흠뻑 주세요. 뿌리와 줄기가 완전히 손상된 것이 아니라면 새잎이 올라옵니다.

관리방법

빛 : 햇빛이 아주 좋은 곳에서 키웁니다. 햇빛이 적으면 잎의 색감이 선명하지 않으며 성장기에 새순도 올라오지 않을 수 있어요.

물 : 계절따라 차이가 있지만 물을 충분히 주세요. 과습보다 건조를 조심해주세요. 뿌리 건조를 조심해야 잔잎이 말라서 떨어지는 현상을 예방할 수 있으며 건강하게 키울 수 있어요. 해가 아주 좋은 곳에서 키운다면 한여름에는 아침 저녁으로 주는 것도 좋아요.

흙과 화분 : 성장이 느린 편이므로 너무 큰 화분이나 지나치게 작은 것보다 목대와 부피에 맞는 크기를 선택하고 물빠짐이 좋은 마사를 섞어서 분갈이 합니다.

가지치기 : 주로 봄에 가지치기를 하는 것이 좋은데 해를 잘 못보는 속가지나 아래로 처지는 가지, 가운데 빼곡하게 난 가지 등을 잘라줍니다. 맨 위쪽에 돌출된 가지가 생기면 그때도 가지치기를 합니다.

21. 블루아이스(Cupressus arizonica var, glabra 'Blue ice')

은청색의 신비로운 예쁜 빛깔을 지닌 블루아이스는 빽빽하고 부드러운 질감의 잎을 가진 편백 종류의 나무예요. 좋은 햇빛과 바람에 건강하게 자란 블루아이스가 보여주는 은청색은 우아한 느낌이 들어요. 잎은 짧은 바늘 형태로 뾰족한 모양을 하고 있으며 비교적 곧게 자라는 블루아이스는 '엘사트리'라는 애칭으로도 불립니다. 추위에도 강해서 정원수로 식재하거나 황토색 토분에 심어 야외에 두면 더 돋보이게 감상할 수 있는 식물이에요.

궁금해요! 알려주세요

Q. 블루아이스의 키가 너무 많이 자랐어요. 처음 구입할 때는 화분을 포함한 높이가 50㎝ 정도였는데 몇 년 사이 두 배 가까이 자랐어요. 가끔 휘청거리는 모습이 위태롭게 느껴지기도 해요. 키는 조금 작게, 풍성하게 키울 수 있는 방법을 알려주세요.

A. 블루아이스는 다른 침엽수에 비해 옆으로 나는 줄기의 성장보다 비교적 위로 키가 많이 자라는 직립성의 특징이 강해요. 일정한 키를 넘어서면 관리의 문제도 있고 옆으로 기울어지기도 합니다. 현재 100㎝ 정도의 키를 조금 줄여서 옆으로 풍성하게 키우고 싶다면 맨 위쪽 줄기를 20~30㎝ 정도를 잘라냅니다. 그럼 키는 조금 줄어들면서 옆으로 새로운 가지가 풍성하게 납니다. 생장점이 가장 많은 윗부분을 잘라내는 것이 아깝다면 지속적으로 위로 자랍니다.

관리방법

빛 : 햇빛을 아주 좋아합니다. 그늘진 곳보다 빛이 좋은 야외나, 베란다에서 해가 가장 좋은 곳에 놓고 키웁니다. 햇빛이 부족하면 새잎이 적거나 나지 않고 잎의 색상도 선명하지 않을 수 있어요.

물 : 겉의 흙이 바싹 마르면 배수구 밖으로 물이 흘러나올 만큼 흠뻑 줍니다. 과습보다는 건조로 인한 손상을 조심해주세요.

흙과 화분 : 직립형으로 위로 가늘고 길게 자라는 특성이 있어요. 위로 높은 화분의 형태보다는, 높이는 낮고 조금 넓은 화분형태에 식재하면 더 안정감이 있어요. 마사를 섞어도 성장에 문제는 없지만 너무 많은 양을 섞으면 화분의 물마름이 빨리 올 수가 있어요. 일반 분갈이용 흙만 이용하거나 마사를 섞는다면 소량의 비율로 넣어주세요.

삽목 블루 아이스

22. 라인골드(*Thuja occidentalis 'Rheingold'*)

계절에 따라서 잎 색상을 다르게 보여주는 라인골드는 그 잎이 변하는 모습에 사계절 다른 매력을 느낄 수 있어요. 봄부터는 연둣빛의 부드러운 잎이 햇살과 바람에 풍성하게 자라고, 가을이 오면 어느 순간 다시 갈색으로 염색한 듯 변하는 모습을 보면 신비롭기까지 해요. 얼핏 보면 율마와 닮은 것처럼 보이지만 촘촘하고 뾰족한 율마와 달리 잎이 부드럽고 잎의 간격이 넓은 형태를 하고 있어요. 또 사계절 변하지 않는 초록색을 가진 율마와 달리 계절에 따라 잎이 다른 색상을 보여줍니다.

이처럼 변하는 라인골드의 잎은 강한 햇빛에 많은 영향을 받아 다른 색을 냅니다. 특징이 있다면 잎이 갈색으로 물들어도 떨어지거나 문제가 생기지 않는다는 것이에요. 보통의 식물은 물이 들면서 추운 계절을 준비하고 잎을 떨구는 경우가 많지만 라인골드의 물든 잎은 봄이 오면 신기하게 연둣빛으로 다시 변합니다.

궁금해요! 알려주세요

Q. 햇빛이 좋은 곳에 두고 물도 충분히 주며 키우고 있어요. 위쪽으로는 새잎이 많이 나는데 속부분과 아래쪽의 잎은 갈색으로 마르는 증상을 보이고 있어요. 무슨 원인일까요?

A. 라인골드가 적절한 부피를 유지할 때는 전체적으로 건강해요. 하지만 시간이 지나면서 잎이 빼곡해질수록 다른 잎에 가려서 햇빛을 적게 받는 부분은 갈색으로 마르는 현상이 올 수 있어요. 단순히 물을 많이 주는 것으로는 해결이 쉽지 않아요. 갈색으로 마른 잎과 줄기는 가위로 잘라내주세요. 또 가운데 잎이 너무 많아서 통풍이 안되는 것이라면 그부분의 가지도 잘라내서 부피 조절을 해주세요. 맨 아래쪽 잎은 다른 부위에 비해 햇빛을 적게 받게 되므로 갈색으로 마른 것인데 그부부분도 전부 잘라서 건강한 잎을 적절한 부피로 유지해주세요.

라인골드와 율마

관리방법

빛 : 강한 햇빛을 좋아합니다. 해가 적은 실내보다 해가 좋은 곳에서 키웁니다. 햇빛이 좋아야 건강하게 잘 자랍니다.

물 : 겉흙이 마르면 아주 흠뻑, 많이 줍니다. 과습보다 건조를 조심해주세요. 물이 부족하면 잔잎에 손상이 오면서 말라서 떨어집니다.

손상줄기관리 : 물부족과 속잎의 마름 현상이 있다면 그 부분은 가위를 이용해 잘라줍니다. 지속적으로 줄기에 마른 잎이 생기면 화분 크기와 물 주는 양 등을 체크해서 분갈이나 물의 양 늘립니다.

흙과 화분 : 물을 많이 주는 식물이므로 부피에 비해 조금 넉넉한 크기를 선택합니다. 너무 딱맞거나 작은 화분에 오래 키우면 물부족이 올 수도 있어요. 분갈이를 할 때 마사의 비율은 최소화해서 흙의 보습력을 높이면 물관리가 조금 더 수월합니다. 만약 마사를 많이 섞었다면 물 주는 횟수와 양을 늘려서 관리합니다.

온도 : 추위에 강해요. 사계절 야외에서 관리할 수 있지만 화분에 식재해서 겨울철에도 야외에서 키운다면 흙이 넉넉하게 들어가는 큰 화분을 이용합니다.

♣ 삽목으로 성장하는 라인골드의 사계절

삽목 후 1년차 봄

3년차 여름

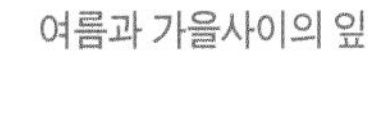

여름과 가을사이의 잎

가을의 모습

겨울의 모습

라인골드 수형관리 : 가지치기

라인골드를 건강하게 키우는 데 중요한 요소로 햇빛과 물, 흙 등을 꼽을 수가 있어요. 그 다음으로 빠지지 않는 게 있다면 바로 가지치기예요. 침엽수는 저마다 특성에 맞는 고유의 수형이 있어요. 자연스럽게 그냥 두는 것 만으로는 좋은 수형을 유지할 수가 없어요. 즉 스스로 줄기나 잎, 가지 등을 조절하며 건강하게 자라기 어려워요. 그래서 반드시 필요한 관리가 바로 가지치기예요. 라인골드는 한해살이 식물이 아니라 오래 자라는 나무라는 특성을 이해하고 적절한 시기에 가지치기를 하는 것이 필요해요. 가지치기가 단순히 수형을 멋지게 만들기 위한 것도 포함할 수 있지만 그 이전에 식물이 실내외의 장소에서 적절한 부피를 유지하고, 병충해를 예방하며, 시간이 지날수록 더 건강하게 자라도록 하는 목적이 있어요.

가지치기를 할 때는 다른 용도에는 쓰지 않는 식물전용 가위를 이용해요. 라인골드의 가지치기로 좋은 시기는 초겨울과 초봄이에요. 하지만 이 시기가 아니라도 지나치게 가지가 많이 뻗었거나 특정 가지와 줄기가 돌출되게 자란다면 그 부분도 가지치기를 해주세요. 가지치기는 나무 맨 아래쪽을 살펴본 후 기본대, 즉 중심이 되는 부분을 확인한 후 그 가지는 유지하면서 뿌리와 가까운 줄기 위쪽부터 통풍이 되도록 자릅니다. 위쪽이나 옆 등은 돌출된 줄기의 살짝 안쪽 가지를 잘라주세요. 한 번 자를 때 너무 많은 양을 자르기보다 키우면서 필요할 때 조금씩 잘라야 가지치기 방법에도 익숙해지고 수형도 유지할 수 있어요.

식물의 삽목(꺾꽂이)

삽목은 식물의 줄기나 가지 등을 잘라서, 절단면에 뿌리를 내리도록 하는 번식방법이에요. 자른 가지는 뿌리를 내리는데 도움을 주는 발근제를 발라 전용흙에 꽂거나, 물을 담은 용기에서 일정기간 후 뿌리가 나게 하는 방법 등 다양해요.

23. 황금짜보와 청짜보(*Chamaecyparis obtusa*)

아파트를 비롯해 공동주택에서 생활하는 경우라면 한 번쯤, 나만의 정원을 꿈꾸게 될 때가 있어요. 잘 자라는 식물로 가득한 야외공간은 아침이면 새소리가 들리고, 그늘을 만드는 나무 아래 계절 따라 꽃을 피우는 식물이 있다고 생각하면 그것 자체가 여유와 행복이 됩니다. 그런데 현실은 생각하는 것 만큼 쉽게 뒷받침 되지 않는 경우가 많아요. 하지만 별도의 정원이 없다고 해서 식물과 함께 하는 일상의 즐거움을 누릴 수 없는 것은 아니에요. 작고 소박하지만 집에서 정원 느낌을 낼 수 있는 방법 중 하나는 주거 형태에 맞는 식물을 키우는 것이에요. 그 중에 짜보는 작은 크기로 공간은 적게 차지하면서 멋스러움을 간직한 정원 식물이에요.

짜보라는 독특한 이름의 나무는 일본이 원산지로 측백나무과에 속하는 미니편백이에요. '짜보'라는 이름은 옛날 일본 사람들이 중국 당나라에서 수입한 닭이 보통 닭보다 땅딸막하다 하여 '차보'라 부른데서 유래되었다는 설이 있어요. 짜보는 잎의 색상으로 선명하게 구분할 수 있는 데 잎의 표면이 황금색을 띄는 황금짜보와 진한 녹색의 잎이 매력적인 청짜보가 있어요. 둘 다 느린 성장을 보이지만 사계절 변함없이 촘촘하고 싱그러운 잎이 특징이며 키울수록 매력을 느끼게 되는 식물이에요.

햇빛에 잎 표면이 황금빛으로 변한 황금짜보

진한 초록잎이 사계절 매력을 주는 청짜보

궁금해요! 알려주세요

Q. 예쁜 수형으로 키우고 싶은데 가지치기가 정말 어려워요. 작은 나무에 가지치기는 꼭 필요한가요? 초보자를 위한, 실패하지 않는 가지치기 방법은 없나요?

A. 햇빛과 물, 화분 크기 등 별다른 문제가 없는 경우라도 가지치기는 필요해요. 짜보 특유의 수형과 잎의 부피를 유지하기 위해서는 1년에 1~2회 정도는 가지치기를 합니다. 아깝다는 이유로 가지치기를 전혀 하지 않고 키우면 특유의 수형을 보기 어렵고 햇빛을 적게 받은 속잎은 손상이 올 수 있어요. 가지치기로 적절한 시기는, 성장기가 끝난 후인 늦가을과 왕성한 성장이 시작되기 직전인 초봄이 좋아요. 물론 다른 이유로 가지치기가 필요할 때는 시기와 상관없이 손질을 해야 합니다.
가지치기를 할 때 주의할 점은 원하는 모양을 생각하며 표면을 깎아주듯이 자르는 방법을 사용하거나 너무 많이 자르지 않는 것이에요. 지나치게 무성한 잎이나 많이 돌출된 줄기 등을 하나하나 살펴본 후, 가지 안 쪽으로 잘라서 표면에 티가 나지 않게 합니다. 손상된 가지와 잎은 그 부위를 잘 찾아서 남김없이 잘라야 해요. 반면 문제없이 잘 자라서 잔가지와 잎이 너무 무성해진 경우 솎아내듯이 가지를 잘라내고, 속잎을 살펴보며 햇빛과 바람이 부족해 손상된 부위를 찾아서 잘라줍니다. 가지치기를 한 번에 잘 하기는 쉽지 않을 수 있어요. 하지만 올바르게 관리하면서 필요한 시기에 식물에 맞게 신중하게 한다면 가지치기도 실력이 늘어서 내가 키우는 식물이 필요할 때 언제든 가지치기로 건강함을 유지할 수 있어요.

♣ 황금짜보의 성장

: 3년 정도 된 어린 황금짜보가 해를 거듭할수록 자라서 열 살이 된 모습

계절별 관리방법

봄 : 화분이 너무 작거나 흙의 물빠짐이 지나치게 빠르면 더 큰 화분으로 분갈이를 하거나 화분의 흙에 보습력을 높여주세요.

여름 : 직광의 해, 최대한 해가 좋은 곳에 놓고 키웁니다. 그래야 웃자람이 없고 고유의 색을 가진 잎을 볼 수 있어요. 딱맞는 크기에 식재했다면 물은 아침, 저녁으로 줍니다.

가을 : 날씨가 좋고 온도가 비교적 높을 때는 여름 못지않게 물관리 잘해야 잎 자체의 수분과 색상을 유지할 수 있어요. 자칫 가을에 물을 말리면 잎이 갈색으로 마르고 손상이 옵니다.

겨울 : 베란다 등 밝고 통풍이 잘 되는 곳에 놓고, 다른 계절보다 물 주기를 줄입니다.

♣ 가지치기로 건강하게 키우기

한여름철, 화분을 물이 든 용기에 넣어 저면관수하기

● 관리방법 ●

빛 : 황금짜보와 청짜보는 햇빛을 좋아하는 식물이에요. 햇빛을 많이 받을수록 고유한 잎의 형태를 유지하며, 지속적으로 건강한 짜보를 볼 수 있어요. 특히 성장을 많이 하는 5월부터는 햇빛이 많은 곳이 좋아요. 강한 햇빛을 직접 받을수록 잎끝의 색상은 특유의 건강한 빛깔을 유지하면 잎의 웃자람이 없이 촘촘해요.

물 : 물이 부족하지 않도록 관리해주세요. 햇빛을 좋아하는 많은 식물들이 그렇듯이 짜보도 물을 좋아해요. 물이 부족하면 잎이 갈색으로 변하면서 회복이 어려워집니다. 황금짜보와 청짜보를 키우면서 많이 겪는 어려움 중 한 가지가 바로 물부족이에요. 짜보가 대체적으로 다른 식물에 비해 크기도 작고 화분도 그 부피에 맞추다보니 며칠만 물을 주지 않아도 잎이 손상을 입는 경우가 있어요. 특히 날씨가 더워지는 5월부터 시작해 9월까지는 물관리에 신경을 써주세요. 기온이 높은 때, 햇빛이 아주 강한 곳에 놓고 키운다면 화분 크기를 고려해 물을 흙에 흠뻑 주고 2~3일에 한 번 정도는 화분을 물이 든 용기에 넣어서 물을 공급하는 저면관수를 하는 것도 좋은 방법이에요.
물이 부족해서 갈색으로 손상된 잎이 발견된다면 손상된 부분은 가위로 잘라주고 물을 충분히 주세요. 완전히 손상된 것이 아니라면 물과 햇빛으로 새잎이 납니다.

화분 : 비교적 성장이 느린 식물이라는 점을 고려해서 지나치게 큰 화분 보다는 짜보의 높이와 부피에 맞는 크기를 선택합니다. 화분의 형태는 아랫쪽은 약간 좁으면서 윗쪽은 아래보다 더 넓은 형태가 좋아요. 윗면이 아랫면보다 넓으면 물을 주고 관리하기도 수월하면서 분갈이를 할 때도 큰 어려움이 없어요. 흙은 분갈이용흙에 마사를 30% 정도의 비율로 섞어서 화분의 물빠짐이 좋고 빠른 성장으로 웃자라는 것을 방지하는 것이 좋아요.

24. 꿩의비름(*Hylotelephium erythrostictum*)

'불로초'라고도 불리는 꿩의비름은 산과 들에서도 자라는 돌나물속의 여러해살이 풀이에요. 봄에 새잎이 날 때는 작은 잎송이들이 꽃 못지않게 아름다운 모습이에요. 새잎이 날때는 잎을 보는 즐거움과 밝은 녹색의 잎을 풍성하게 보는 여름을 지나, 가을은 꽃을 보는 즐거움이 큰 식물이에요. 다년생이지만 겨울은 휴면으로 보내는데 이때는 별도의 물주기나 관리를 하지않아도 됩니다. 기온이 잘 유지되는 농장 등에서는 겨울에도 휴면을 하지 않는 경우도 있지만 되도록 겨울은 줄기와 잎을 떨구고 휴면으로 지내는 것이 좋아요. 그 시기를 잘 보내야 봄에 새로 나는 건강한 잎을 만날 수 있어요.

궁금해요! 알려주세요

Q. 작고 예쁜 잎에 반해서 구입해 베란다에서 키우고 있어요. 하지만 몇 달 사이 전혀 다른 모습이 되었어요. 처음 구입할 때와 달리, 줄기가 가늘고 길게 자라며 잎도 촘촘하지 않아요. 무슨 원인일까요? 처음처럼 작고 촘촘한 잎으로 키울 수는 없나요?

A. 햇빛이 부족해 웃자란 것이에요. 꿩의비름은 야생화로 야외의 해와 바람을 정말 좋아하는 식물이에요. 얼핏 보면 일반 다육식물로 생각할 수 있지만 온실같은 베란다의 환경보다는 강한 해를 받으며 비바람을 견디는 야생의 환경을 더 좋아해요. 지금은 그대로 관리를 한 후 늦가을이나 초겨울에 접어들 무렵 줄기를 모두 잘라주세요. 그대로 겨울철을 휴면으로 보낸후 봄에 새잎이 날 때 해가 아주 좋은 곳으로 옮겨주세요. 최대한 좋은해, 강한해를 받으면 새잎이 촘촘하고 예쁘게 납니다.

● 관리방법 ●

빛 : 강한 햇빛을 좋아해요. 햇빛이 적은 곳에서는 줄기가 가늘고, 잎이 얇고 넓어지며 웃자라는 증상을 보여요. 해가 가장 좋은 곳, 공간이 된다면 야외의 직광에서 키우면 좋아요.

물 : 건조하게 키워주세요. 야외에서 비를 맞는 것은 괜찮지만 해와 바람이 부족한 실내에서는 물주기를 조심해야합니다. 장맛비 등 비를 맞은 화분은 그대로 야외의 바람과 햇빛으로 흙의 물기가 자연스럽게 마를 수 있도록 해주세요. 비를 맞은 꿩의비름을 실내로 들이면 잎이 녹아내릴 수 있어요.

흙과 화분 : 물빠짐이 좋은 마사를 소량 섞어서 분갈이를 하면 좋아요. 풍성하게 모아심기를 하면 꽃 못지않은 예쁜 모습을 볼 수가 있어요.

25. 석송(*Lycopodium clavatum L.*)

'비단결 같은 마음'이라는 꽃말을 갖고 있는 석송은 석송목 석송과의 상록성 양치식물로 같은 종내에서 자연스럽게 생긴 변종 식물이에요. 줄기가 길게 늘어지듯 뻗으며 불규칙하게 갈라지는 잎은 비교적 긴모양으로 오밀조밀 모여서 자라요. 사계절 초록잎을 유지하는 상록성 다년초로 제주, 울릉도, 전남, 강원 설악산 등지의 깊은 산속에서도 자라는 것으로 알려져 있어요.
국내에서 원예식물로 주목받은 것은 비교적 최근이에요. 길게 늘어진 줄기가 어색하게 느껴질 수도 있지만 그 색다른 모습이 매력적이라서 공간을 돋보이게 하는 행잉식물로 손꼽히고 있어요.

궁금해요! 알려주세요

Q. 구입한 후 1년 가까이 거실에서 관리하고 있는 석송의 잎이 자꾸 이상해지고 있어요. 처음 구입할 때의 풍성함은 사라지고 잎이 쳐지면서 마르고 색도 원래의 색상보다 어두워졌어요. 물은 일주일에 한 번 정도 주며 관리하는데 무엇이 문제일까요?

A. 햇빛과 물 부족으로 생긴 현상 같아요. 거실에서 지속적으로 관리했다면 실내의 빛으로는 충분하지 않을 수 있어요. 또 기존에 구입한 플라스틱 화분을 그대로 걸어서 키운 경우라면 일주일에 한 번 정도 준 물로는 수분이 부족했을 것 같아요. 키우는 장소를 해가 잘 드는 창가로 옮기고, 물은 겉표면이 바싹 마르면 수돗가나 주방쪽으로 옮겨서 충분히 주세요.

● 관리방법 ●

빛 : 강한 햇빛보다는 유리창을 한 번 통과한 밝은 빛이 있는 곳이 좋아요. 온도가 높은 계절에는 강한 해를 오래 받으면 잎 끝이 마르며 손상이 옵니다. 반면 햇빛이 너무 부족한 곳에서 오래 관리하면 새잎이 나는 시기에 새잎이 적거나 나지 않을 수 있으며 색감도 어둡게 변합니다.

물 : 겉의 흙의 바싹 마르면 흠뻑 줍니다. 조금씩 자주 주는 것보다 한 번 줄 때 흙에 흠뻑 줍니다. 특히 새잎이 나는 봄과 더운 계절은 화분의 흙이 너무 오랫동안 건조하지 않도록 해주세요. 겨울철은 다른 때보다 물의 양을 줄여서 관리해주세요.

장소 : 밝은 빛이 드는 창가 등에 걸어서 키우는 것이 좋아요. 길게 늘어지는 줄기의 특성 상 바닥보다는 공중에 걸어서 키웁니다.

26. 석화회(Chamaecyparis obtusa 'Chirimen')

줄기에 촘촘하게 붙어서 자라는 진한 초록잎이 특징인 석화회는 더디게 자라는 식물이에요. 얼핏 잎의 초록만 보면 청짜보나 다른 편백 종류와 닮은 것도 같지만 새잎이 나면서 줄기에 촘촘하게 붙어서 자라는 모습이 편백과는 차이가 있어요.
측백나무과의 석화회는 성장이 더딘 식물이에요. 수형을 만들기 위한 가지치기를 할 때도 새잎이 쉽게 나지않는 부분을 고려해서 잘라주세요. 외목수형을 위해 가지치기를 한 번에 많이 하면 새잎이 나서 기존의 부피를 유지하는데 오랜 시간이 걸려요.

♣ 다양한 수형의 석화회

궁금해요! 알려주세요

Q. 석화회의 수형을 개성있게 만들고 싶어요. 위로 길게 자라는 것보다 외목으로 풍성하게 잎이 한곳에 촘촘하게 모이도록 가지치기하는 방법을 알려주세요.

A. 우선 아래쪽, 즉 뿌리 위로 뻗은 가지가 한 개인지 살펴본 후 여러 가지라면 원하는 중심 가지만을 남기고 잘라주세요. 뿌리 위 줄기는 하나이고 일정 길이 위에서 두갈래라면 그 줄기는 그대로 두는 것이 좋아요. 키가 위로 큰다면 원하는 길이를 정한 후 그 윗줄기는 잘라주세요. 한 번에 수형을 잡는 것은 어려운 일이므로 1차 가지치기를 한 후 햇빛이 아주 좋은 곳에서 물이 부족하지 않도록 관리하면 기존 줄기 주변에 새잎이 촘촘하게 납니다. 수형을 만드는 데는 짧게는 1년에서 그 이상이 걸릴 수도 있으므로 인내심을 갖고 관리하며 불필요한 가지는 신중하게 잘라주세요.

● 관리방법 ●

빛 : 햇빛이 좋은 곳에서 관리해주세요. 햇빛이 너무 적은 곳에서 오래 키우면 잎의 색이 어두워지고, 갈색 잎이 늘어납니다.

물 : 겉흙이 마르면 흠뻑 줍니다. 건조로 인한 줄기와 잎 손상을 조심해주세요. 장소와 화분의 크기에 따른 차이가 있으므로 햇빛이 많이 드는 곳에 있고, 화분이 딱 맞는 크기라면 물은 매일 줍니다. 만약 물부족으로 손상된 잎이 생겼다면 제거하고 물을 흠뻑 준 후 밝은 곳에 둡니다. 성장이 더디다고 물을 적게 필요로 하거나 안 먹는게 아닙니다. 꼭 크기와 환경에 맞게 충분히 주세요.

흙과 화분 : 화분은 너무 큰 것보다 석화회 키와 부피에 어느정도 어울리는 적당한 크기를 선택합니다. 성장이 더딘 편이므로 너무 큰 화분은 석화회의 개성을 느끼기 어렵고, 너무 작거나 지나치게 딱 맞으면 더운 계절이나 집을 오래 비울 때 물부족이 올 수 있습니다. 흙은 일반분갈이용흙과 마사를 적절히 섞어주세요. (70:30)

27. 좀마삭(Trachelospermum asiaticum)

잔잎이 촘촘하게 모여 길게 늘어지며 자라는 좀마삭은 그 자체로 매력적인 식물이에요. 건강하고 풍성한 좀마삭의 잎은 꽃이 없어도 꽃 못지않은 어여쁨을 뽐내기도 합니다.
마삭은 그 종류도 정말 많아요. 다양한 잎의 색감이 매력인 초설 오색마삭, 황금마삭, 제주마삭, 나주마삭, 통영무늬마삭, 칠색마삭, 황제마삭, 은마삭, 중투마삭, 칼마삭, 창마삭 등 잎의 크기나 모양, 물이 들었을때 달라지는 색상, 지역에 따른 합식 등 특성도 저마다 다릅니다. 그 중에서도 시중에서 어렵지않게 만날 수 있는 품종인 오색마삭과 황금마삭, 좀마삭은 가격 부담도 적은 데다가 잎의 개성도 달라서 키우는 즐거움도 큰 마삭이에요.

궁금해요! 알려주세요

Q. 좀마삭이 새잎이 많이 나고 줄기도 길어지며 잘 자라고 있어요. 하지만 처음 구입할 때 작고 촘촘했던 잎과 달리 새로 생기는 잎은 크고, 또 줄기에 난 잎의 간격도 넓게 벌어지고 있어요. 촘촘하고 건강한 잎을 보고 싶은데 어떻게 해야 할까요?

A. 마른 잎이 전혀 없이 새로 나는 잎이 크고 간격이 넓다는 것은 먼저 햇빛의 양이 부족한 것으로 볼 수가 있어요. 마삭의 많은 종류가 자외선에 반응해 그 빛을 영양분으로 저장해 잎을 만들고 품종에 맞는 적절한 크기와 모양, 색상을 유지해요. 직광의 해가 있거나 해가 최대한 잘 드는 곳에 두고 관리해주세요. 기존의 넓은 잎이 지나치게 많고 간격이 넓은 줄기는 잘라주세요. 햇빛이 좋은 곳에 두고 물을 충분히 준다면 촘촘하고 건강한 새잎을 볼 수 있을 거에요.

Q. 이 년째 야외에서 사계절을 보내는 좀마삭이 봄이 돼도 새잎이 나지 않고 있어요. 마삭이 추위에 강하다는 말을 듣고 화분에 분갈이 한 후에 한동안은 잘 키웠는데요. 두 번째 맞는 봄인데 시간이 지나도 새잎이 전혀 나지 않아요. 줄기를 만져보면 금세 부러져요. 무슨원인이고 회복은 가능할까요?

A. 야외에서 사계절을 관리하는 경우 땅에 뿌리내린 마삭과 달리 화분에 식재했다면, 겨울철에 눈비가 적게 와서 수분은 부족하고, 추위가 심하면서 뿌리까지 손상이 온 것으로 볼 수 있어요. 땅에서 자라는 경우 필요할 때마다 땅속의 수분이나 영양을 흡수할 수 있지만 화분은 제한된 공간으로 여러 가지가 부족했을 것 같아요. 화분을 반그늘에 놓고 물을 흠뻑주세요. 손으로 가지를 휘어서 부러지는 가지는 모두 자르고 새잎과 줄기가 나기를 기다려보세요. 나중에 줄기와 새잎이 난다면 한동안 그곳에서 관리한 후 큰 화분으로 옮겨주세요.

♣ 다양한 종류의 마삭

칼마삭

좀마삭

제주환엽마삭

오색마삭

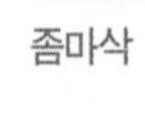

황금마삭

황제마삭

더운 계절 저면관수 물주기

저면관수로 수분 보충하기

기온이 25도 이상 올라가는 더운 계절에는 저녁 시간을 선택해 저면관수 방법으로 수분을 충분히 보충해주세요. 마삭이 대부분 햇빛을 좋아해 화분의 흙도 빨리 건조해지게 됩니다. 저면관수로 잔잎과 줄기에 수분이 충분하게 생기면서 마삭을 더 건강하게 볼 수 있어요. 화분 아래쪽이 충분히 들어갈 크기의 용기를 선택해 물은 가득 채워주세요.

웃자람과 작은 화분의 마삭

분갈이 후, 좋은 햇빛과 물로 건강해진 모습

관리방법

빛 : 강한 햇빛을 좋아해요. 햇빛을 많이 받으면 잎이 작고 촘촘하며 건강해요. 특히 새잎이 많이 나는 봄에는 햇빛이 충분해야 합니다.

물 : 겉흙이 마르면 물을 충분히 주세요. 흙의 건조로 인한 줄기와 잎의 손상을 조심해야 합니다. 해를 좋아하는 만큼 물이 부족하면 잎이 오그라들듯 말라 떨어지고 풍성한 잎의 숱이 줄어듭니다.

가지치기 : 해가 좋은 직광에서 여름을 보낸 후 기온이 조금씩 내려가는 가을에는 잎이 물들어요. 물이든 잎은 겨울 무렵 대부분 떨어집니다. 이때 길게 늘어진 줄기를 정리하면 봄에 새잎이 더 풍성하고 건강하게 나는데 도움이 됩니다.

흙과 화분 : 강한 햇빛에 두고 물을 많이 주는 여름철이 지나면 화분 속의 뿌리는 꽉 차고 흙의 보습력은 떨어질 수 있어요. 이때 화분의 크기는 적당한지 체크하고 조금 더 큰 화분으로 분갈이를 하거나 화분 흙을 보습력이 높은 새흙으로 교제해 주세요.

온도 : 추위에도 강한 편이에요. 베란다나 야외월동이 가능해요. 하지만 야외에서 겨울을 날 때는 너무 작은 화분보다는 큰 화분에서 겨울을 날 수 있도록 해주세요. 화분이 너무 작으면 겨울철에 뿌리가 손상을 입을 수 있어요.

28. 피쉬본(Epiphyllum anguliger)

피쉬본을 처음 봤을 때 '무슨 이런 독특한 식물이 있을까?' 고개를 갸웃거리며 조금은 어색한 모양에서 눈을 떼지 못했어요. 시중에서는 '피쉬본선인장'이라고 부르지만 선인장이 아닌 립살리스과의 식물이에요. 즉 피쉬본은 늘어지는 걸이식물인 립살리스과에 속하는 식물이에요.

립살리스는 목본류의 식물처럼 직립형태로 자라기 어려워요. 그 탓에 줄기는 성장을 할수록 늘어지는 형태가 됩니다. 그런 특성을 모르고 키우면 의문만 생기고 관리에도 어려움을 겪을 수 있어요. 피쉬본이 처음 나왔을 때만해도 가격도 높고 구하기가 쉽지 않았어요. 하지만 요즘은 구입도 어렵지가 않고 가격부담도 적어서 베란다는 물론 상업공간 등 창가에 걸어서 멋스러운 분위기를 연출할 수 있어요.

궁금해요! 알려주세요

Q. 피쉬본은 어떤 형태로 식재해서 키우는 게 좋을까요? 판매처 따라서 위로 식재한 경우가 있고 아래로 식재한 것이 있어요. 어떻게 해야할지 모르겠어요. 식재 방법에 따른 성장속도나 문제, 장점과 단점이 있나요? 줄기가 아래쪽으로 향하도록, 즉 거꾸로 자라게 식재해야 하나요?

A. 꼭 줄기가 아래로 향해서 자라도록 식재해야하는 것은 아니에요. 위로 곧게 키우다가 줄기가 너무 길어지고 휘어서 난감할때 아래로 다시 식재해도 됩니다. 피쉬본의 특성상 곧게 위로 자랄 수 있는 줄기의 힘이 약해요. 그래서 건강하게 잘 자랄수록 줄기가 꺾이듯 휘고 부러지는 경우도 있어요. 그 모습도 개성이므로 그대로 키워도 됩니다. 식재를 아래로, 혹은 위로 했다고 해서 더 잘자라는 것은 아니에요. 장소나 관리의 방법에 따라서 성장의 차이가 있을 뿐이에요.

Q. 줄기가 위로 곧게 오도록 식재해서 관리를 한 경우 어떻게 자라나요?

A. 줄기가 화분 위로 올라오도록 직립식재한 피쉬본은 성장하면서 줄기가 휘거나 꺾일 수도 있어요. 또 햇빛의 양에 따라 생선뼈 형태가 불규칙하게 자라기도 해요. 휘면서 늘어지는 모습을 그대로 개성있게 볼 수도 있고 그 모습이 싫다면 다시 뽑아 아래로 자라게 식재하면 됩니다. 너무 많이 휘거나 꺾이기 전에 식재하면 좋아요. 한번 꺾인 줄기가 곧게 펴지는데는 시간이 많이 걸리고 구부러져 쉽게 펴지지 않을 수도 있기 때문이에요.

♣ 피쉬본 거꾸로 식재하기

오프라인 원예 자재상에서 구입한 플라스틱 화분이에요. 기본형 토분과 동일한 형태에 가벼운 장점이 있어요.

윗지름 10㎝ 정도 플라스틱에 와이어를 이용해 걸이를 만들고 바닥면을 뚫어서 피쉬본을 식재했어요.

가벼운 플라스틱 화분인데 일반 화분보다 힘이 있고 단단해요

● 관리방법 ●

빛 : 강한 햇빛을 피해 밝은 빛이 있는 창가가 좋아요. 더운 계절 강한 햇빛에 오래 노출이 되면 잎끝이 마르고 줄기가 손상이 옵니다. 햇빛이 너무 부족한 곳에서는 잎의 형태가 불규칙하며 길게 웃자라는 현상이 나타납니다.

물 : 건조보다 과습을 조심합니다. 표면의 흙이나 수태가 아주 바싹 마르면 흠뻑 줍니다. 수태에 식재한 경우 물이 스며들어 뿌리에 전달되는 데 시간이 걸립니다. 수태가 완전히 젖을 수 있도록 여러 번 충분히 줍니다.

번식 및 웃자람 관리 : 피쉬본이 잘 자라서 길게 늘어지거나 햇빛 부족으로 줄기가 길게 웃자란 경우는 줄기의 가운데를 자릅니다. 자른 단면의 수분이 완전히 사라지도록 그늘에서 2~3일간 말려줍니다. 그리고 화분에 식재하면 절단면에서 뿌리가 나오고 다시 성장을 합니다.

영양 : 분갈이를 할 때 가운데 알비료를 조금 섞어서 넣거나 맨 위에 알비료를 올려줍니다. 물을 줄 때마다 알비료의 영양이 뿌리로 서서히 스며듭니다.

온도 : 한겨울 추위를 조심합니다. 야외 월동은 어려우므로 5도 이상에서 관리합니다.

♣ 피쉬본 걸이 식재

뿌리를 무리없이 넣을 수 있도록 잘라줍니다

자른 후 모습

거꾸로 식재하기
화분 아랫쪽에서 뿌리를 넣고 화분 안쪽에서 깔망을 이용해 고정 하고 수태나 흙을 넣습니다.

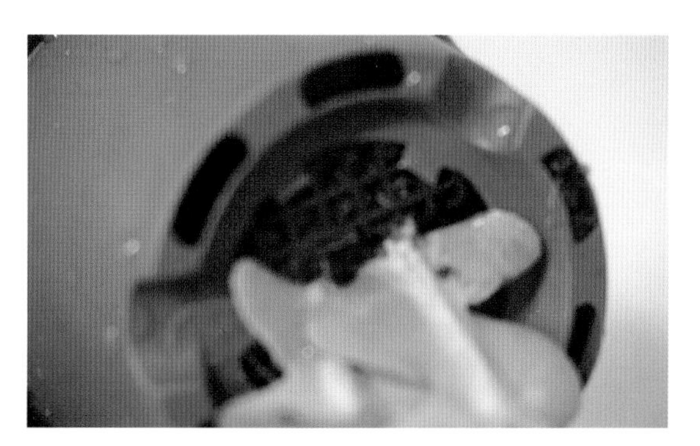

바닥에서 보면 깔망으로 틈이 보이지 않아서 수태나 흙이 흐르지 않아요.

와이어 걸이를 만드는 게 쉽지 않으면 양쪽에 구멍을 내서 간단히 걸어도 됩니다
이건 지름 9㎝로 조금 작아요
윗부분은 취향대로 피규어나 가든 픽 등 소품으로 꾸며보세요

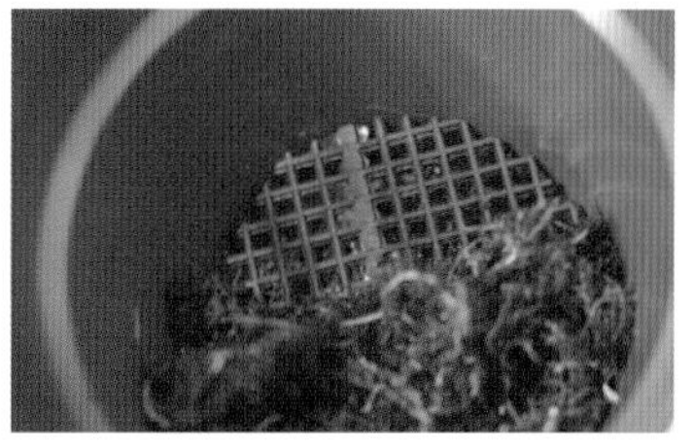

깔망은 화분 아랫쪽 지름보다 조금 작게, 반으로 잘라서 사용합니다
화분 안쪽에서 본 모습

수태 사이에 알비료를 조금 넣고 다시 수태를 얹었어요. 물을 많이 주는 식물이 아니라서 가운데에 알비료를 놓으면 아주 조금씩 녹아 영양을 전달합니다

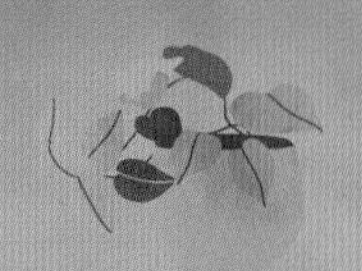

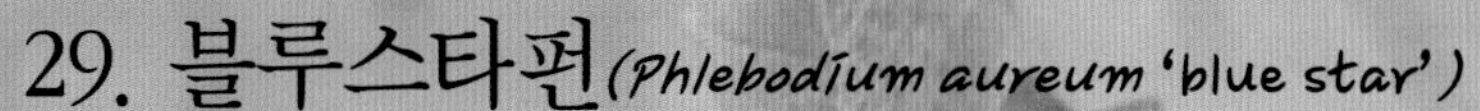

29. 블루스타펀(*Phlebodium aureum 'blue star'*)

길쭉한 초록잎에 스치듯 보이는 푸른빛깔이 파도가 치는 바닷가를 떠오르게 하는 고사리 블루스타펀입니다. 블루스타펀은 양치식물입니다. 양치식물은 관다발식물(tracheophyta) 중에서 꽃이 피지 않고 포자로 번식하는 종류에 대한 총칭인데요. 많은 양치식물이 그렇듯이 블루스타펀도 관리가 까다롭지 않아서 사계절 개성있는 잎을 볼 수 있습니다. 잎의 색감은 키우고 있는 장소와 빛의 양에 따라서 조금 차이가 있지만 보통 초록빛에 푸른빛깔이 느껴집니다.

궁금해요! 알려주세요

Q. 한 화분에서 2년 넘게 키운 블루스타펀이 화분에 꽉 찼어요. 처음과 달리 옆으로 쳐지는 잎도 있고 누렇게 변하는 잎도 늘어나요. 무슨 원인일까요?

A. 시간이 지나면서 새로운 줄기도 늘어나고 화분 속의 보습력은 떨어지고 뿌리는 꽉 차 있는 상태예요. 그래서 그 화분이 비좁아서 더 이상 지내기가 어렵다는 표현을 하고 있는 중이에요. 화분 맨 아래쪽 배수구로 삐져나온 뿌리는 없는지 살펴보세요. 블루스타펀의 특성상 좋은 환경에서 잘 자라면 개체가 늘어서 화분은 비좁고 이탓에 화분의 영양도 부족하고 물을 줘도 그때 뿐이고 흙속의 수분을 유지할 수가 없어서 나타나는 현상이에요. 분갈이와 포기나누기가 필요한 상태이므로 화분에서 꺼내 포기나누기를 합니다. 이때 뿌리가 너무 많이 손상되지 않도록 주의합니다. 포기나누기를 한 블루스타펀은 새로운 흙을 추가해 화분에 따로 나누어 심으면 됩니다.

● 관리방법 ●

빛 : 강한 해보다는 밝은 곳, 반그늘에서 건강하게 잘 자랍니다. 기온이 25도 이상일 때 직접적으로 햇빛을 많이 받으면 잎의 표면과 줄기에 손상이 올 수 있습니다.

물 : 계절에 따라 차이가 있지만 겉흙이 마르면 아주 흠뻑 줍니다. 물이 부족하면 잎의 수분이 부족해 잎이 쳐지고 손상이 옵니다. 손상된 잎은 줄기 아래쪽을 바짝 자르고 물을 흠뻑 줍니다. 특히 봄부터 여름 등 생장기에 뿌리쪽에서 새잎이 많이 날 때는 물이 부족하지 않도록 관리합니다.

화분 : 아래쪽보다 위가 너무 좁은 형태는 나중에 분갈이를 위해 꺼내야할 때 어려움을 겪을 수 있어요. 아래로 넓고 위로 좁은 형태를 피해 위가 화분 아래쪽보다 넓은 형태를 선택해주세요. 윗부분이 좁은 형태에 식재하면 다음 분갈이를 할 때 어려움을 겪을 수 있어요.

30. 필로덴드론 버킨(Philodendron Birkin)

아름다운 잎을 가진 필로덴드론 버킨이에요. 필로덴드론도 종류가 많은데요. 그중에 버킨은 위로 곧게 뻗은 줄기에서 나온 도톰한 잎들이 바깥으로 펼쳐지듯 자라는 모습이 멋스러운 관엽식물이에요.

필로덴드론 버킨 분갈이 하기

필로덴드론은 물을 많이 먹는 식물은 아니지만 뿌리 발달이 왕성한 편이에요. 시중에서 보통 가장 작은 플라스틱 화분의 유묘나 중간 이상 큰 필로덴드론을 구입하면 뿌리와 흙의 양을 살펴보고 분갈이 해주세요. 크기와 상관없이 시중에 유통되는 것으로 플라스틱 화분의 필로덴드론 버킨을 구입한다면 꼭 분갈이를 해주세요.

뿌리는 조심스럽게 손질하며 지나치게 뜯어내지 않도록 조심합니다.

필로덴드론의 잎 자체가 수채화 느낌이 나면서 예뻐요. 그래서 단순한 디자인과 색감의 토분에 식재하면 잎의 개성을 더 멋스럽게 느낄 수 있어요.

궁금해요! 알려주세요

Q. 거실에서 키우는 필로덴드론 버킨이 처음과 달리 잎이 아래로 쳐지는 현상을 많이 보이고 있어요. 또 잎의 무늬도 처음처럼 선명하지가 않아요. 무슨 원인일까요?

A. 필로덴드론 버킨의 잎과 줄기의 건강을 유지할 수 있도록 하는 것은 햇빛과 물이에요. 물이 지나치게 부족해도 잎이 아래로 쳐질 수 있어요. 물과 햇빛의 양을 체크해보세요. 겉의 흙이 바싹 말랐을 때 물을 충분히 주고 관리했다면, 햇빛이 부족해서 생긴 것으로 볼 수 있어요. 키우는 장소를 베란다의 밝은 해가 있는 곳으로 옮겨보세요.

관리방법

빛 : 강한 햇빛을 피해서 유리창 등을 한 번 통과한 밝은 빛이 좋아요. 강한 해를 오래 받을 경우 잎끝이 타거나 손상이 올 수 있어요. 반면 빛이 너무 부족해도 잎의 무늬가 사라지고 뒤로 말리는 듯한 현상을 보일 수 있어요.

물 : 겉의 흙이 바싹 마르면 흠뻑줍니다. 소량을 자주 주는 것보다 한 번 줄 때 흠뻑 줍니다.

화분 : 단순한 형태의 흰색 도자기나 토분 등에 심으면 잎맥의 개성을 뚜렷하게 볼 수 있어요. 낮고 둥근 형태 화분보다 위로 조금 높은 화분도 잎이 펼쳐지는 형태를 돋보이게 합니다.

온도 : 한겨울 추위는 조심합니다. 5도 이하에서 냉해로 잎이 손상될 수 있어요.

31. 립살리스 뽀빠이(*Hatiora salicornioides*)

립살리스는 브라질을 중심으로 플로리다부터 북부아르헨티나까지 여러 열대지역에 60여종 정도로 많은 종류가 분포하고 있어요. 자생지에서는 나무 위나 바위에서 착생 형태로 자라요. 립살리스 품종이 가느다란 줄기가 아래로 흘러내리거나 넓고 얇은 잎이 많은데요. 그런 형태와 달리 립살리스 뽀빠이는 수분이 가득찬, 짤막한 마디를 연결한 것 같은 긴잎이 특징이에요. 진한 초록의 잎은 늘어지며 마디 끝에 지속적으로 새로운 잎을 만들며 성장해요.

궁금해요! 알려주세요

Q. 립살리스 뽀빠이는 걸이화분에서만 키워야하나요? 구입할 때 식재된 플라스틱 화분이 아닌 일반 화분에 심으면 안되나요?

A. 다른 화분에 심는 것도 괜찮아요. 하지만 늘어지며 자라는 잎의 특성상 걸이화분이 아닌 일반화분에 심는다면 선반 등에 얹거나, 바닥면에서 조금 거리가 있는 높이에 위치하도록 해주세요. 그래야 원래의 줄기가 건강하게 늘어지듯 자라고, 꽃도 볼 수 있어요.

립살리스 캣

관리방법

빛 : 강한 햇빛을 피해, 밝은 빛이 있는 곳에 걸어서 키웁니다. 베란다나 유리창을 한 번 통과한 빛이 있는 곳이 좋습니다. 강한 햇빛에 오래 두면 잎이 마르고 손상이 옵니다.

물 : 계절에 따라 따라 차이가 있습니다. 11월부터 2월 정도까지는 표면이 바싹 마르면 흠뻑 줍니다. 겨울이 지나고 비교적 기온이 올라가기 시작하는 3월부터는 표면이 마르면 아주 흠뻑 줍니다.

화분 : 플라스틱 화분은 걸어서 키우기에 가벼운 장점이 있지만 필요한 수분을 잘 유지하는 기능은 조금 떨어져요. 플라스틱에 심어서 베란다, 창가 등에서 키운다면 수태 등을 화분에 보충하고 수분공급에 신경을 써주세요.

32. 휘커스 페티올라리스(*Ficus petiolaris*)

진한 초록에 붉은빛이 스치는 듯한 잎이 매력적인 휘커스 페티올라리스는 고무나무과의 식물이에요. 짧은 목대가 점점 자라서 키가 커지면 잎을 따면서 수형 관리를 하면 그 개성을 느낄 수 있어요. 작은 모종을 구입한다면 해마다 성장하는 그 모습에서 즐거움을 느낄 수 있는 나무예요.

궁금해요! 알려주세요

Q. 가을까지 건강하게 잘 자라다가 날씨가 추워지면서 잎이 노랗게 변해 떨어지고 있어요. 기온이 낮은 베란다에서 키우는데 무슨 원인일까요?

A. 추위를 싫어하는 휘커스 페티올리리스는 겨울이 오기 전에 온도 체크를 하고 추위를 대비하는 것이 좋아요. 키우는 곳이 겨울이 되면서 해가 적은 곳이라면 상대적으로 새벽기온이 더 내려갈 수 있으므로 미리 대비를 해주세요. 갑자기 너무 따뜻한 곳으로 들이기보다 온도를 서서히 높여주세요.

♣ 휘커스 페티올라리스 분갈이

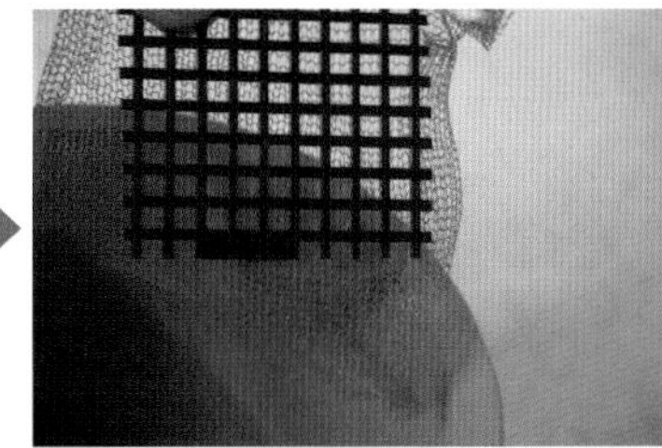

● 관리방법 ●

- **빛** : 강한 햇빛을 피해서 유리창을 한 번 통과한 밝은 빛이 있는 곳이 좋아요. 강한 해에 오래 두면 잎끝이 마르고 손상을 입어요. 반면 햇빛이 너무 부족한 곳에서는 성장기에 새잎이 나지 않거나 새로 나는 잎이 웃자랄 수 있어요. 밝은 빛을 많이 받을 수 있도록 해주세요.
- **물** : 겉흙이 바싹 마르면 흙에 흠뻑 주세요. 과습은 잎을 떨구고 줄기를 썩게 할 수 있으므로 맑은 날을 선택해 흙에 주세요.
- **냉해주의** : 겨울철 냉해를 조심해주세요. 야외 월동은 어렵고, 실내라도 추위에는 잎이 떨어질 수 있으므로 5도 이상이 되는 곳에서 관리해주세요.

33. 휘커스 움베르타*(Ficus umbellate)*

넓은 잎의 특징답게 공기정화에도 좋은 휘커스 움베르타는 어느 공간에도 잘 어울리는 식물이에요. 큰 키의 움베르타는 카페 등에서도 자주 보이는데 성장도 좋은 편이고, 사계절 초록잎도 기분 좋게 볼 수 있습니다. 밝은 곳에 두고 물 신경만 쓰면 키우기도 크게 까다롭지 않은 식물이에요.

궁금해요! 알려주세요

Q. 베란다에서 건강하게 잘 자라던 휘커스 움베르타가 겨울이 되자 잎이 떨어지고 있어요. 물이 부족한 것일까요?

A. 겨울 추위에 약한 움베르타가 베란다의 기온이 내려가면서 하엽 현상을 보이는 것이에요. 베란다가 영하로 떨어지는 곳이 아니라면 그대로 두고 키워도 상관이 없지만 새벽 기온이 영하로 떨어지는 곳이면 실내로 들입니다. 너무 따뜻한 곳에 바로 들이는 것보다는 기존의 온도보다 조금 높은 곳이 좋아요. 갑자기 온도 차이가 너무 나는 경우에도 잎이 떨어질 수 있어요. 겨울 추위로 인해 잎이 떨어진 움베르타는 봄이 되면 새잎이 납니다.

Q. 처음 들일 때와 달리 1년 사이 키가 너무 많이 자랐어요. 조금 건드리면 휘청거릴 정도로 줄기는 가늘어요. 키는 조금 작게 잎은 풍성하게 키우고 싶은데 어떻게 할까요?

A. 휘커스 움베르타는 성장이 좋은 편이에요. 더운 지역의 식물답게 여름이면 키가 30㎝ 이상도 자라요. 가늘고 길게 자라고 있다면 적당한 길이를 선택한 후 생장점을 잘라주세요. 생장점이 잘린 부위는 흰색 액체가 흐를 수 있지만 시간이 지나면 멈추고 그 부위가 자연스럽게 마릅니다. 더 이상 줄기나 잎이 너무 가늘고 얇게 자라지 않도록 밝은 햇빛이 드는 곳으로 옮기고 물은 겉흙이 마르면 충분히 주세요.

관리방법

빛 : 너무 강한 해를 피해 밝은 곳에서 키웁니다. 강한 해에는 잎의 끝이 마르고 손상이 올 수 있어요. 반면 빛이 너무 부족하면 새로나는 잎이 넓고 얇은 형태로 웃자랄 수 있어요.

물 : 겉흙이 바싹 마르면 아주 흠뻑 줍니다. 물이 부족하면 잎이 쳐지고 손상이 옵니다.

겨울철관리 : 겨울 추위에는 약한 편입니다. 한겨울 아파트 베란다 등에서 키운다면 잎이 쳐지고 떨어질 수 있어요. 5도 이상이 되는 곳에서 관리해주세요.

34. 삼색버드나무(*Salix integra*)

삼색버드나무, 화이트핑크 셀릭스는 4~5월이면 하얀색과 분홍의 새잎이 마치 꽃처럼 아름다운 식물이에요. 셀릭스는 버드나무를 지칭하는데 화이트핑크 셀릭스는 '흰색과 분홍의 버드나무'라고 할 수 있어요. 잎만 예쁜 것이 아니라 추위에도 강하고, 물만 풍부하면 아주 잘 자라는 나무예요. 그래서 강변이나 연못가에서 잘 자라고, 아주 풍성하고 건강한 모습을 볼 수 있어요. 반면 물이 적은 산간지역, 야외 정원 흙에 식재한 경우 물을 별도로 주지않으면 잎과 줄기가 왕성하게 나는 봄에는 잔잎과 줄기의 손상이 심해요.

봄부터 나는 새잎은 멀리서보면 흰색과 분홍을 섞은 꽃이 핀 것처럼 아름다워요.

물부족으로 잎이 마른 경우

궁금해요! 알려주세요

Q. 집 베란다에서 키우는 삼색버드나무가 봄이 되어도 새잎이 제대로 나지 않아요. 몇 개 난 새잎도 특유의 색감을 보여주지 않아요. 무엇이 문제일까요?

A. 삼색버드나무는 성장기에 햇빛의 영향을 아주 많이 받아요. 화분 크기도 문제가 없고 물을 잘 준 경우라면 햇빛이 부족해서 잎도 적게 나고 고유이 잎색을 보기도 어려울 수 있어요.
햇빛이 최대한 좋은 곳으로 옮기고, 햇빛의 양에 맞게 물도 부족하지 않게 충분히 주세요.

Q. 야외 정원에 식재한 삼색버드나무의 잎끝이 계속 말라요. 영양이 부족한 것일까요?

A. 버드나무 품종이 주로 물가에서 잘 자라요. 그래서 연못가 등에서 풍성하게 잘 자라는 삼색버들을 볼 수 있는데 그만큼 물이 중요한 역할을 해요. 계절과 땅의 특성을 고려해서 물의 양을 원래보다 두 배 정도 늘려보세요. 야외 땅에 식재한 경우라도 더운 계절은 매일 저녁 흙에 별도의 물을 줘야 건강하게 자랍니다.

물이 충분한 곳 연못가의 삼색버드나무

♣ 삼색버드나무 가지치기

: 초봄과 늦가을에 가지치기를 해서 더 건강하게 자랄 수 있도록 합니다.

가지치기 후의 모습

● 관리방법 ●

빛 : 햇빛을 정말 좋아합니다. 해가 좋은 곳에서는 새잎이 풍성하게 나면서 건강합니다. 반면 빛이 적은 곳에서 키우면 봄에도 잎색의 다양함을 느끼기 어려울 수 있어요.

물 : 물을 아주 좋아하는 나무예요. 물부족으로 인한 줄기와 잎의 손상을 조심해야 합니다. 특히 새잎이 나는 3월부터 물이 부족하면 잎이 말라서 떨어질 수도 있어요. 삼색버드나무는 병충해나 다른 문제보다 물부족으로 인한 잎마름을 조심해야 합니다.

가지치기 : 봄에 새잎이 많이 난 후, 더위가 오기 전 너무 많은 가지들 위주로 잘라주세요. 여름에 가지치기를 놓쳤다면 가을도 가지치기로 괜찮은 시기예요. 특히 뿌리쪽에서 올라온 줄기는 하나를 기본으로 유지하며 굵어지도록 맨 아랫쪽 잔줄기는 모두 잘라주세요. 굵은 외목 수형에, 위쪽으로는 토피어리 형태를 유지하며 해마다 아름다운 빛깔의 새잎을 볼 수 있어요.

흙과 화분 : 야외 식물로 땅에 식재하면 사계절을 건강하게 볼 수 있어요. 땅에 식재할 수 없다면 큰 화분에 옮긴 후 해가 좋은 곳에서 화분의 물이 부족하지 않게 관리해주세요. 너무 딱 맞는 화분은 흙이 빨리 말라서 물부족이 올 수 있어요. 분갈이를 할 때 흙은 보습력이 좋은 분갈이용흙을 이용하고 물빠짐이 좋은 마사는 최소한의 양을 사용하거나 섞지 않습니다.

35. 에셀리아나(Pinguicula Esseriana)

벌레잡이 제비꽃이라고도 불리는 에셀리아나는 잎꽂이를 해서 한 화분에 빼곡하게 키우면 정말 아름다워요. 벌레를 잡는 용도의 식물이라기보다는 작은 꽃송이같은 모습을 보는 게 아름다운 식물이에요.

♣ 벌레잡이 제비꽃 잎꽂이 번식하기

궁금해요! 알려주세요

Q. 풍성하게 키우고 싶어요. 실패하지 않는 번식방법을 알려주세요.

A. 처음 구입한 에셀리아나를 3㎝ 내외의 거리를 두고 식재한 후 잘 자라는 잎을 떼어 빈공간에 놓아주세요. 모체에서 떨어진 부분이 공중에 너무 뜨지 않고 수태에서 떨어지지 않도록 올려놓으면 뿌리가 잘 나는데 도움이 됩니다. 수태의 특성상 적절한 수분을 유지할 수 있도록 분무기를 이용해 물을 뿌려주는 것도 좋아요.

관리방법

- **빛** : 강한 햇빛을 피해 밝은 곳에서 키웁니다. 강한 해에는 작은 잎이 화상을 입으며 손상이 와요. 반면 빛이 너무 부족한 곳에서는 잎이 웃자라고 꽃이 피지 않을 수도 있어요
- **물** : 수태나 흙의 표면이 바싹 마르면 흠뻑 주세요. 물을 지나치게 많이 주면 잎이 과습으로 손상이 올 수도 있어요.
- **흙과 화분** : 뿌리가 많이 뻗는 식물이 아니므로 너무 큰 화분보다는 낮고 넓은 형태가 좋아요. 분갈이용흙보다 물이끼인 수태를 이용해 키우면 좋아요. 상토에서는 잘 자라지 않을 수도 있어요.

36. 러브체인(*Ceropegia woodii Schlechter*)

선명한 하트잎이 줄기 사이로 마주보며 매달려 늘어진 모습이 특징인 러브체인은 그 이름에서부터 낭만적인 느낌이 들어요. 걸이용 화분에 심은 후 창가에 걸어서 키우면 하트잎이 주렁주렁 달린 줄기가 늘어지면서 그야말로 '하트커튼'이 됩니다.
잘 자라는 러브체인은 뿌리가 있는 쪽은 물론 줄기에도 알뿌리가 생겨요. 그 알뿌리는 수분과 영양을 함께 저장하기도 해요. 시중에서 주로 판매하는 러브체인은 줄기를 잘라 삽목으로 번식한 것인데 그때는 알뿌리가 보이지 않는 경우도 많아요. 하지만 시간이 지날수록 흙속에 알뿌리가 생기고 그곳에서 줄기가 더 나오기도 합니다.
일반 화분에 심어도 좋지만 걸이용 화분에 심어 창가에 걸거나 선반에 올려 줄기가 아래로 늘어지도록 키워보세요.

궁금해요! 알려주세요

Q. 시간이 지날수록 자꾸 늘어지고 때로 엉키는 줄기가 고민이에요. 러브체인을 건강하게 예쁘게 볼 수 있는 방법이 궁금해요.

A. 러브체인은 줄기가 길게 늘어지며 자라서 시간이 지날수록 줄기와 하트잎끼리도 엉켜서 곤란할 때가 있어요. 스스로 길이조절을 하며 자랄 수가 없기 때문에 줄기가 일정한 길이가 되면 잘라주세요. 성장과 함께 저절로 엉킨 줄기를 하나씩 푸는 것도 쉽지가 않은데요. 하트잎끼리도 사슬처럼 엉켜서 자칫 줄기를 푸는 과정에서 잎이 끊어질 수도 있어요. 수십 개의 줄기가 한 화분에 있다면 엉킨 것을 손상없이 풀기는 어려워요. 그래서 줄기를 푸는 것보다 30~40㎝ 정도의 길이만 남기고 가위로 싹둑 잘라내는 것이 좋아요. 잘라낸 그 줄기를 다른 화분에 옮겨 심으면 됩니다.

♣ 러브체인 줄기 삽목하기

러브체인 금 잎

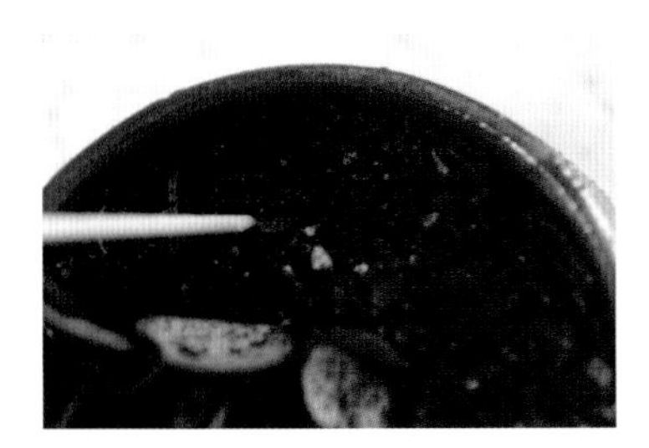

러브체인 꽃

관리방법

- **빛** : 유리창을 한 번 통과한 정도의 밝은 햇빛을 좋아해요. 강한 햇빛에는 잎이 마르고 손상이 올 수 있어요.
- **물** : 겉의 흙이 아주 바싹 마르면 흠뻑 주세요. 건조보다는 과습을 조심해야 하는 식물이므로 습도가 높은 여름철이나 기온이 낮은 겨울은 물의 양을 줄여주세요.
- **온도** : 추위에도 비교적 강하지만 노지월동은 불가능해요. 일반 아파트 베란다나 실내 창가에서 겨울을 보내면 됩니다.

37. 구갑룡(*Dioscorea elephantipes Eng*)

남아프리카 케이프 지방이 자생지인 구갑룡은 거북이 등껍질이 연상되는 개성있는 식물이에요. 코르크 느낌의 표면에 둥글고 딱딱한 원추같은 부분이 거북이 등껍질처럼 갈라지고, 반구경 괴근 아래 뿌리를 따로 뻗어서 성장하며, 그곳에서 별도의 줄기와 잎을 보여줍니다. 처음 접하면 '돌덩어리가 아니고 식물이 맞을까?' 고개를 갸웃거리게 됩니다. 조금은 어색하고 딱딱한 괴근의 구갑룡이 보여주는 하트잎은 반전의 매력이에요.

궁금해요! 알려주세요

Q. 줄기와 잎이 멋대로 뻗었어요. 다른 식물을 감고 올라가기도 하는데 이 줄기를 건강하고 멋스럽게 관리할 수는 없나요?

A. 하트잎을 단 줄기는 30㎝ 정도부터 길게는 100㎝까지도 자라요. 이 줄기를 그냥 보는 것보다 지줏대를 세워서 감아주면 다른 화분이나 물건에 걸리는 일도 없이 깔끔하게 볼 수 있습니다. 지줏대 역할을 하는 와이어는 구갑룡 줄기보다 너무 가늘거나 굵지 않아야 합니다. 너무 가늘면 힘이 적고, 지나치게 굵으면 투박한 느낌이 들어요. 4㎜ 정도 굵기의 와이어를 활용해서 지줏대를 만들면 좋습니다. 지줏대는 줄기가 올라온 후 목질화가 되기 전에 감아야 수월합니다.

Q. 분갈이를 한 후 줄기가 시들고 잎도 많이 떨어져내렸어요. 무슨 이유일까요? 분갈이 몸살일까요?

A. 분갈이를 한 후 나타날 수 있는 증상이에요. 특히 괴근 위에 줄기가 분갈이 과정에서 흔들리거나 미세한 손상이 나타나서 그럴 수 있어요. 괴근의 뿌리를 건드리거나 괴근 자체의 손상이 아니라면 나중에 잎은 새로 날 수 있으므로 걱정하지 않아도 됩니다.

관리방법

- **빛** : 강한 해를 피해 밝은 해가 있는 곳에서 키워주세요. 기온이 높은 계절에 강한 해에 오래 둘 경우 줄기와 잎이 마르고 구갑룡 표면의 괴근도 손상이 올 수 있어요. 반면 빛이 너무 부족하면 하트잎에 병충해가 생기고 잎 모양의 변형도 올 수 있어요.
- **물** : 겉의 흙이 아주 바싹 마르면 흠뻑 주세요. 괴근에 기본적인 수분이 저장되어 있으므로 과습을 조심해주세요. 휴면을 하는 겨울철은 물을 줄여서 주거나 주지 않아도 됩니다.
- **줄기 관리** : 겨울을 보낸 후나 분갈이 후 하트잎과 줄기에 문제가 생겼을 때는 줄기를 바짝 잘라주세요. 밝은 곳에 두고 물을 흠뻑 주면 7일~20일 정도면 다시 새 줄기와 잎이 납니다.

38. 금송(sciadopitys verticillata)

금송은 상록성 침엽 교목 식물로 야외 정원이 있다면 매력적인 정원수로 으뜸인 나무예요. 일본이 원산지로 세계 삼대 공원목의 하나라고 일본 사람들이 자랑할 정도로 아름다운 나무예요. 금송이라는 이름은 일본에서 적용한 한자명에서 유래되었어요. 수명은 길고 생장은 극히 더디고, 키는 높이 자라지만 어린 묘목일 때는 잘 자라지 않는데 10년 정도가 지나면 성장이 급속히 빨라져요. 일반적인 침엽수에 비해서 잎이 3㎜ 정도로 비교적 두꺼운 편이에요. 봄에 한 번 연두색으로 올라오는 순에서부터 잎이 녹색으로 완전히 자랄 때까지 보는 즐거움이 있어요.

일반 주택이라면 야외 정원수로 키우면 좋고 아파트 생활을 하며 한정된 공간에서 키운다면 작은 금송을 화분에 심어서 키우면 됩니다.

♣ 새잎이 나는 봄

궁금해요! 알려주세요

Q. 뿌리에서 가까운 맨 아래쪽의 잎이 조금씩 마르고 있어요. 위쪽으로 새로 난 잎은 건강한데 아래쪽 잎만 마르는 것은 무슨 원인일까요?

A. 해를 거듭하며 풍성해질수록 맨 아래쪽, 즉 오래된 잎은 햇빛 부족 등으로 잎끝이 건강하지 않을 수 있어요. 해마다 새잎이 나고 잘 자랄 수록 새잎에 가려 나타나는 현상이에요. 아랫잎이 너무 처지고 잎끝이 마르는 현상이 생기면 그 잎은 제거해주세요.

● 관리방법 ●

빛 : 햇빛이 좋은 곳에서 키웁니다. 빛이 좋으면 새잎이 나서 잎 마디가 고르고 곧게 자라며 더 건강한 모습으로 함께 할 수 있습니다. 화분에 심어서 키운다면 7~9월 기온이 너무 높을 때는 야외의 강한 해에 오래 두면 화분 흙이 너무 빨리 말라 잎끝도 손상이 올 수 있으므로 그 부분을 고려해 반그늘 등에 둡니다.

물 : 겉흙이 바싹 마르면 아주 흠뻑 줍니다. 건조에도 강한 편이지만 물이 너무 부족하면 잎 마디가 조금씩 처집니다. 또 새잎이 나는 봄철에는 그 잎이 곧게 성장하기 어려울 수 있으므로 성장기와 한여름에는 물을 충분히 줍니다. 금송처럼 상록성 목본류의 침엽 식물을 작고 제한된 크기의 화분에서 키운다면 7~8월 더위에는 일주일에 한 번 정도는 수돗가나 주방 등으로 옮겨서, 시간차를 두고 물을 여러번 주면 더 건강하게 유지할 수 있어요. 금송은 사계절 동일한 물주기를 하는 것보다 성장기와 한낮의 기온, 장소 등을 고려한 물주기를 합니다. 특히 금송은 건강하게 자랄수록 조직에 리그닌이 쌓여 과습이 적은 식물이므로 건조로 인한 손상을 조심합니다. 단 화분이 너무 작다면 분갈이를 먼저 해주세요.

흙 : 물빠짐이 좋은 마사를 조금 섞어 심습니다. 마사를 너무 많이 섞으면 여름철 물이 빨리 마르는 단점이 있어요.

39. 단풍나무(*Acer palmatum*)

우리 주변에서 친근하게 많이 접할 수 있는 나무를 몇 가지 꼽으라면 빠지지 않는 식물이 바로 단풍나무가 아닌가 싶어요. 아파트 단지의 조경수와 공원이나 거리의 가로수에도 자리잡고 있는 단풍나무는 익숙한 식물로 산이나 계곡, 가로수 등은 대체로 높이가 10m 정도로 크게 자라요. 단풍나무는 털이 없는 가지에 약간의 붉은빛을 띤 갈색이 많아요. 마주나는 잎은 손바닥 모양으로 5~7개로 깊게 갈라지는 모양이에요. 꽃은 5월 즈음에 검붉은 빛으로 피고, 열매도 작게 달려요. 단풍든 잎에 익숙하다보니 꽃이나 열매는 인식을 못할 때가 많아요. 옛 조상들은 관상용으로 심기도 하고 땔감으로도 썼어요. 요즘도 아파트 등에 큰 조경수는 초겨울에 가지치기를 하고 그 부속물을 난방 등 필요한 곳에 무상으로 제공하기도 해요. 한방에서는 뿌리와 껍질, 가지를 계조축(鷄爪)이라는 약재로 쓰는데, 무릎관절염으로 통증이 심할 때, 물에 넣고 달여서 복용하고, 골절상을 입었을 때 오가피를 배합해서 사용하며, 소염작용과 해독 효과가 있다고 해요.

단풍나무는 우리나라와 일본에 많이 분포하는데요. 국내에 자생하면서 주로 전라남북도에 자라는 단풍나무는 종자를 물에 담가야 발아되는 습윤처리의 특성 때문에 계곡에서 잘 자라요.

단풍나무는 전세계에 128종이 있는데 대부분의 단풍나무는 아시아와 유럽에 있으며 북아프리카와 북아메리카에도 여러 종이 분포하는 걸로 전해져요. 현재 국내 관상용으로 재배하는 단풍나무는 대부분 일본왕단풍으로 다른 단풍나무에 비해 열매가 다소 크고, 잎도 크면서 매우 다양한 형태의 재배종이 있어요.

2015년 8월 산림청 수목원은 광복 70년을 맞이하여 단풍나무의 영문명을 'Japanese maple'에서 'Palmate maple'로 변경했어요.

♣ 청희 단풍나무의 휴면과 성장

궁금해요! 알려주세요

Q. 베란다의 단풍나무가 날씨가 추워지면서 잎이 떨어지고 난 후 봄이 오면 새잎이 난다고 했는데 이때 물관리가 궁금해요. 언제 어느 정도의 물을 주어야할지 알려주세요.

A. 단풍나무가 휴면에 들어가면 물주기를 줄이게 되죠. 주로 12월부터 휴면을 하는데 이때도 물을 전혀 주지 않는 것은 아니에요. 야외 땅에 식재된 것과 달리 제한된 화분은 수분이 전혀 없어서 뿌리 손상이 올 수 있어요. 휴면기에도 일주일에 한 번 정도는 흙이 살짝 젖을 정도로 소량의 물을 주세요. 1월부터는 가지를 잘 살펴보고 새눈이 나오면 그때부터는 물을 충분히 주세요. 뿌리와 줄기 새잎이 열심히 활동을 시작했다는 뜻이므로 잘 관리해주세요.

Q. 단풍나무의 가지치기는 언제해야 할까요? 구입한 후 몇 년 동안 한 번도 가지치기를 하지 않아서 잔가지가 무성해요. 가지치기에 적당한 시기는 언제인가요?

A. 단풍이 지고 난 후가 좋아요. 한여름이 지나고 단풍이 물들어 늦가을에 잎이 전부 떨어지고 난 후를 선택해 가지치기를 합니다. 봄에는 새잎이 나고 여름철은 잎을 예쁘게 볼 수 있는 시기라 가지치기에 적합하지 않아요. 단풍이 완전히 진 후에 가지치기를 하면 손상없이 안전합니다.

● 관리방법 ●

빛 : 야외의 직광이나 밝은 햇빛이 있는 곳이 좋아요. 햇빛이 좋아야 줄기와 잎이 건강하며 예쁜 단풍도 볼 수 있어요.

물 : 계절에 따라 차이가 있어요. 새잎이 나는 시기인 봄부터 가을까지는 물이 부족하지 않도록 흙에 충분히 주세요. 특히 여름철은 화분의 흙이 빨리 말라서 잎의 손상이 걱정된다면 자주 저면관수를 해주세요.

가지치기 : 단풍이 든 잎이 떨어진 후 가지치기를 해주세요. 일 년에 한 번 정도는 가지치기를 해야 건강하고, 실내에서 키우는 특성상 적절한 부피의 단풍나무와 함께 할 수 있어요.

40. 아부틸론(*Abutilon megapotamicum*)

이른 봄, 아부틸론 꽃이 풍성하게 피기시작하면 그 꽃을 보는 즐거움이 더해져 아직은 추운 베란다를 서성이는 시간이 늘어나요. 아부틸론(Abutilon)은 더운지역의 식물이에요. 열대와 아열대에 100종 안팎이 자라지만, 관상용은 2~3종 정도이며, 우리나라에서는 섬유자원으로 재배하였던 어저귀가 있어요.

아부틸론은 햇볕이 드는 곳에서 잘 자라고 추위에 강한 편이지만 밖에서 겨울을 나지는 못해요. 한국에서는 교잡종인 아부틸론 히브리듐(A. hybridum)을 분재나 화단용으로 심기도 해요.

꽃봉오리가 생길 때의 모습

꽃이 피는 3월

풍성하게 꽃이 핀 모습

꽃이 진 후 영근 씨앗

궁금해요! 알려주세요

Q. 베란다에서 키우는 아부틸론이 구입한 첫해와 달리 봄이 되어도 꽃이 피지 않아요. 잎만 무성하고 한두 개 생긴 꽃도 제대로 피지않고 시들어 떨어졌어요. 다년생 꽃식물이라고 해서 들였는데 무엇이 문제일까요?

A. 햇빛이 부족한 것으로 보여요. 꽃식물이 풍성한 꽃을 피우기 위해서는 꼭 필요한 조건이에요. 적절한 크기의 화분에 심어 물을 잘 주고 있다면 햇빛의 양을 체크해보세요. 겨울이 끝나고 아부틸론이 꽃봉오리를 만들때 충분한 햇빛이 필요해요. 햇빛이 부족한 경우 꽃봉오리가 제대로 생기지 못할 수도 있어요.

● 관리방법 ●

빛 : 밝은 햇빛을 좋아해요. 기온이 높은 때는 야외에서 직접적으로 받는 해에 손상을 입을 수 있어요. 유리창을 한 번 통과한 햇빛이 좋아요. 특히 꽃이 피는 때는 햇빛이 충분해야 꽃봉오리가 많이 생겨요.

물 : 화분 흙에 충분히 줍니다. 과습보다는 건조로 인한 손상을 조심합니다. 놓인 장소가 햇빛이 좋은 곳이라면 화분 겉흙이 마르면 충분히 줍니다. 물을 줄 때는 조금씩 자주 주는 것보다 배수구로 물이 흘러나올 만큼 흠뻑 줍니다.

흙과 화분 : 아부틸론의 크기를 고려해서 비교적 넉넉한 크기의 화분에 심어줍니다. 마사가 나쁜 영향을 미치는 것은 아니지만 물이 빨리 마를 수 있으므로 그 부분을 고려해 분갈이용흙만 사용하는 것도 좋아요.

온도 : 추위에도 비교적 강한 편이지만 야외에서 겨울을 날 수는 없어요. 겨울철은 최저 5도 이상 온도에서 관리합니다. 겨울철에 해가 좋은 곳에서 관리하면 초봄부터 꽃봉오리가 생기고 풍성한 꽃을 기대할 수 있어요.

41. 극락조(Strelitzia reginae)

꽃이 피면 그 모양이 새의 머리 모양을 닮았다고 해서 극락조화라는 명칭을 갖게 된 극락조는 남아프리카, 더운지역이 원산지예요. 파초과의 다년초로 시원하게 뻗어 올라간 줄기와 잎이 멋스러운 것은 물론 공기정화에 좋다고 소개되면서 그린인테리어로 사랑받는 식물이에요.

묵은 줄기 자르기

새로 나오는 잎

궁금해요! 알려주세요

Q. 여인초와 극락조의 생김새가 너무 비슷해서 헷갈려요. 어떤 차이가 있나요?

A. 여인초는 잎사귀가 더 넓고 끝이 둥근편이며, 시간이 지날수록 넓은 잎이 뒤로 말리며 쳐지는 듯한 특성이 있어요. 반면 극락조는 진녹색의 잎이 비교적 길고 가늘며, 잎 끝이 약간 뾰족한 느낌으로 위로 향하는 특성이 있고 주황색 꽃이 핍니다. 전혀 다른 품종은 아니며 추위에 견디는 온도, 물, 빛 등 잘 자라는 환경은 비슷해요.

Q. 분갈이를 하려고 하는데 화분의 종류와 크기가 고민이에요. 물을 좋아하지 않는 편이라고 했는데 어떤 기준으로 화분을 선택해야 할까요? 극락조를 관리하기에 좋은 화분이 있나요?

A. 극락조의 부피와 키를 고려한 후 화분의 크기를 선택하는 것이 좋아요. 우선 처음 구입한 플라스틱 화분에 몇 개의 뿌리가 식재되어 있는지 확인합니다. 유통되는 크기에 따라서 화분에 한 뿌리부터 세 개의 개체가 다르게 자리하고 있어요. 주로 여러개의 줄기를 가진 독립뿌리 개체가 2개 정도 식재된 중품이라면 줄기가 뻗어올라간 높이와 줄기의 개수 등이 다릅니다. 극락조의 뿌리 개수와 부피, 키 등을 고려해서 그에 맞는 크기를 선택합니다. 화분이 너무 작거나 낮으면 극락조의 길고 큰 잎을 감당하지 못해서 자칫 화분이 외부의 작은 충격에도 쓰러질 수가 있어요. 화분의 아래쪽은 물이 잘 빠지도록 좁고 위가 넓은 형태로, 토분이나 도자기 등 그 재질에 제한은 없어요. 단, 플라스틱 형태의 가벼운 화분보다는 무게감이 있는 화분이 극락조를 심어서 어느 장소에 놓든지 관리하기에 좋아요.

극락조 분갈이 하기

극락조는 잘 성장할수록 흙 속에 기본적인 잔뿌리 외에도 수분을 다량으로 저장한 알뿌리가 있어요. 어린 모종일 때와 달리 시간이 지날수록 그 뿌리는 아주 굵어지며 그곳에 수분을 저장하고 있어요. 분갈이를 할 때 화분에서 꺼낸 후 그 뿌리가 손상되지 않도록 조심합니다. 극락조가 잘 자랄수록 뿌리가 짧고 통통하게 부풀어 있어요. 분갈이를 할 때 그 뿌리 부분을 모두 제거하면 극락조의 생장에 문제가 생길 수 있으므로 건강한 형태면 원형을 유지하며 식재해주세요.
만약 꽉 찬 뿌리로 인해 화분에서 빠지지 않는다면 플라스틱 망치와 가위를 이용해 분리합니다. 물을 좋아하는 식물이 아니므로 분리를 원활하게 하기 위한 목적으로 화분에 물은 주지 않아야 해요. 분갈이 시에 알뿌리의 상태가 건강한지 확인하고 썩거나 무른 부분은 없는지 살펴봅니다. 분갈이 후에 물은 표면의 흙을 씻어내는 정도로 가볍게 줍니다.

♣ 분갈이 전후

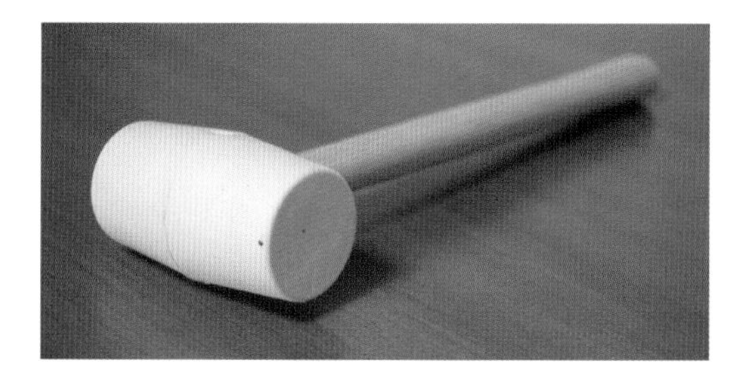

원예용 망치

일반 쇠망치와 달리 고무와 플라스틱, 나무 재질로 만들었어요. 하나쯤 있으면 화분 분갈이를 할 때 유용하게 쓸 수가 있어요. 특히 화분에 흡착된 뿌리와 화분을 분리하는데 도움을 받을 수 있어요. 화분의 표면을 두드릴 때는 한 번에 세게 두드리는 것보다 약하게 여러번 두드립니다.

● 관리방법 ●

- **빛** : 강한 햇빛을 피해서 밝은 빛이 있는 곳이 좋아요. 더운 계절 강한 햇빛을 직접적으로 많이 받으면 잎의 끝과 가장자리가 타듯이 손상이 옵니다. 반면 빛이 너무 부족한 곳에 오래 두면 새로 생기는 잎이나 전체적인 건강에 문제가 생길 수 있어요.
- **물** : 겉의 흙이 바싹 마르면 소량의 물을 줍니다. 뿌리쪽에 수분을 일정양 저장한 알뿌리가 있어요. 과습을 주의해서 관리하며, 특히 한겨울과 한여름에는 물을 많이 주지 않습니다. 집안에 물을 주는 사람이 한 명이 아니라 여럿이라면 물주기가 중복되지 않도록 해주세요. 한번에 지나치게 많은 양의 물을 주거나, 중복적인 물주기로 과습이 오면 흙 속의 알뿌리가 썩고 줄기와 잎도 누렇게 변하며 손상이 옵니다.
- **온도** : 겨울철 냉해를 조심합니다. 더운 지역이 원산지인 식물인 만큼 한겨울 추위에 약합니다. 11월 이후에는 베란다보다는 거실 등 실내로 들여서 기온이 5도 이상이 유지되는 곳에서 관리합니다.

42. 올리브나무(*Olea europaea L.*)

올리브나무는 그 잎 자체를 사계절 보는 것만으로도 관상가치가 좋습니다. 봄에는 풍성한 꽃과 또 가을에는 열매까지 수확할 수 있어서 장점이 정말 많은 식물입니다. 그런 올리브나무를 이태리같은 해외에서만 볼 수 있었던 때가 있었어요. 하지만 국내에도 수입되면서 요즘은 일반 꽃집에서도 어렵지 않게 볼 수 있고 구입해 키우기도 쉬워졌어요.

물푸레나무과에 속하는 올리브나무는 지중해 원산의 늘푸른 작은키나무로 5~10m 높이까지 자랍니다. 마주나는 잎의 뒷면은 은백색으로 작은 비늘털이 촘촘합니다. 꽃은 보통 5~7월에 2년생 이상의 가지 잎근처에 모여서 핍니다.

환경에 따라서 차이가 있지만 꽃이 풍성하게 필수록 열매도 많이 맺어요. 꽃이 피면 꽃가루가 떨어지면서 나무주변이 꽃가루밭이 되지만 나무를 흔들거나 털어내지말고 자연스레 둡니다. 그 다음 과정으로 열매를 볼 수 있기때문이에요. 열매는 타원형,원형으로 열리고 늦가을에 검게 익어요. 날씨가 비교적 따뜻한 남쪽 섬에서는 정원수로 심어서 키울 수 있습니다. 정원수로 심을 수 있는 지역에서는 햇빛과 바람 등 조건이 좋기때문에 더 건강하고 멋스러운 잎도 볼 수 있어 추천하고 싶은 정원수입니다.

올리브나무속(Olea) 식물은 세계에 약 40종이 있으며 남부 아시아, 오세아니아, 남태평양 섬, 아프리카와 지중해의 열대 지역에 분포하는 것으로 알려져 있어요.

올리브유는 기원전 17세기에 이집트 사람들에 의해 사용되었고 곧 스페인으로 도입되어 올리브유는 현재 제약, 식품 및 일상화학제품에 널리 사용되는 대표적인 기름 중에 하나에요. 올리브에는 지방산, 스테롤, 세코이드리드 글루코시드, 페닐에틸알코올 글리코시드 및 트리테르페노이드 성분이 함유되어 있어서 연구에 의하면 올리브유와 올리브 잎은 항산화와 항균력을 갖고 있다고 합니다.

올리브나무 열매

♣ 올리브나무 분갈이

: 시중에 판매되는 플라스틱 화분의 올리브나무는 구입 후, 나무의 키와 부피에 맞는 화분으로 분갈이를 합니다.

♣ 올리브나무 꽃과 열매

궁금해요! 알려주세요

Q. 올리브열매를 보고 싶어서 몇 년째 키우고 있어요. 하지만 꽃도 열매도 볼 수가 없어요. 무슨 원인일까요?

A. 올리브나무는 한가지 품종이 아닌 원품종과 아종, 변종 등을 비롯해 40여종이나 있어요. 주로 올리브유를 얻는 열매가 많이 달리는 품종과 한 그루로는 열매 맺지 않는 종류, 꽃과 열매보다는 잎을 위주로 보여주는 품종 등 여러 가지예요. 국내에는 열매 품종과 소엽 품종 등 다양하게 유통이 되지만 주로 소엽 올리브가 많아요. 열매가 달리는 품종을 구입했는데 꽃이 피지 않고 열매도 달리지 않는다면 햇빛의 양이 부족한 것은 아닌지, 화분의 크기와 물이 양도 충분한지 체크해 보세요.

Q. 올리브잎이 말리는 듯한 모습으로 우수수 떨어져내려요. 무슨 원인일까요?

A. 올리브나무는 해가 아주 좋은 곳에서 흙에 물이 충분해야 건강하게 자라는 나무예요. 나무자체에 리그닌이 쌓이면서 과습에 대한 걱정보다 건조를 조심해야 합니다. 잎이 우수수 떨어진다면 물이 부족해서 잎이 손상된 것으로 볼 수 있어요. 화분이 작다면 넉넉한 크기로 분갈이를 하고 물은 겉흙이 마르면 바닥으로 흘러나오도록 충분히 주세요.

● 관리방법 ●

빛 : 햇빛을 아주 좋아합니다. 빛이 적은 실내보다 밝은 햇빛이 있는 곳에서 키웁니다. 집안에서 키운다면 해가 좋은 곳, 베란다 등에 둡니다. 야외에서 자라는 야생성이 강한 식물이므로 햇빛이 충분해야 건강합니다.

물 : 겉흙이 마르면 아주 흠뻑 줍니다. 배수구멍으로 물이 많이 흘러나오도록 흠뻑 줘야 줄기와 잎이 수분을 충분히 흡수해 잎이 떨어져 내리지 않습니다. 특히 새잎이 나면서 성장하는 3월부터는 물이 부족하지 않도록해야 합니다.

흙과 화분 : 물빠짐이 좋도록 마사를 조금 섞어서 심습니다. 화원에서 플라스틱 화분으로 구입해 키운다면 분갈이를 할 때 넉넉한 화분에 옮겨 심습니다. 화분은 너무 딱맞는 것보다는 넉넉해야 물부족도 예방하고 건강하게 키우는데 도움이 됩니다.

Dear

43. 만냥금, 홍공작(*Ardisia crenata*)

칼라 만냥금, 홍공작이에요. 만냥금 중에도 작고, 잎은 붉은 빛이 돌아서 칼라 만냥금이라고 불리는 이 아이는 가을에 달린 연두색 열매가 붉게 물드는 모습을 지켜보는 즐거움이 있어요.

알알이 예쁜 열매

꽃이 피고 그 자리에 작은 연둣빛 열매가 시간이 지나면서 햇빛과 물로 건강하게 큰 모습, 만냥금의 물은 꽃이 피는 시기부터 열매가 달렸을 때도 부족하지 않게 줘야해요. 너무 건조하게 키우면 열매가 빨리 시들어 떨어져요

궁금해요! 알려주세요

Q. 만냥금 열매를 오래 볼 수 있다고 해서 들였는데 얼마 못가서 떨어져요. 물든 잎도 한 장씩 떨어져 내리고요.

A. 만냥금 종류의 열매가 한 번 열리면 올래 볼 수 있는 품종이에요. 하지만 수분과 여러 가지 조건이 잘 맞을 때 길게 볼 수 있어요. 우선 열매가 오래 유지되려면 화분 속의 수분이 부족하지 않아야 해요. 아울러 화분도 너무 작거나 딱맞다면 물을 줘도 금세 마를 수 있어요. 화분의 크기는 적당한지, 햇빛이 너무 강하게 드는 장소는 아닌지 체크해보세요.

관리방법

- **빛** : 강한 햇빛을 피해 유리창을 한 번 통과한 정도의 밝은 햇빛이 좋아요. 기온이 높은 때 야외 해에 오래 두면 잎이 타거나 흙의 물이 지나치게 빨리 마르므로 그 부분을 고려합니다.
- **물** : 겉흙이 마르면 아주 흠뻑 줍니다. 과습보다 건조로 인한 손상을 조심합니다. 꽃이 필 때는 잎에 물을 뿌리지 말고 흙에 충분히 주세요.
- **꽃과 열매 관리** : 꽃이 피는 가을부터는 햇빛이 좋은 곳에 두고 물을 충분히 주세요. 물과 해가 부족하면 열매가 달리지 않아요. 열매가 붉게 익은 경우도 흙에 물이 충분해야 오랫동안 볼 수 있어요.

44. 튤립(*Tulipa gesneriana*)

다양한 봄 구근 중에서도 튤립은 나라와 지역의 구분없이 많은 사랑을 받는 봄꽃으로 손꼽혀요. 튤립은 색상도 다양하고 국내에 유통되는 품종도 많아요. 튤립의 원산지는 튀르키예예요. 우리나라에서도 놀이공원이나 식물원, 다양한 상업공간의 테마정원 등에서 튤립을 많이 심어서 축제를 열 만큼 사랑받는 봄꽃이에요.

튤립은 노지재배는 물론 화분재배로도 잘 키울 수 있는데 봄에 꽃을 건강하고 예쁘게 보고 싶다면 그 품종과 장소에 맞는 식재 시기와 방법도 중요해요. 노지에 심는다면 물빠짐이 좋고 해가 잘 드는 장소가 좋으며 지역에 따른 차이는 있지만 10~12월에 심어요. 화분에 심는다면 늦가을에 심어서 구근이 보이지 않을 정도로 흙을 살짝만 덮어주면 됩니다.

궁금해요! 알려주세요

Q. 구근은 봄에만 꽃이 피나요? 다른 계절에 꽃이 피는 종류도 있나요?

A. 구근은 생장을 하며 꽃을 피우는 시기가 다양해요. 주로 심는 시기에 따라서 구분을 하는데 추식구근, 춘식구근, 하식구근으로 나눌 수가 있어요. 추식구근은 가을에 심어 월동을 한 후 봄에 꽃이 피는데 대표적인 꽃이 튤립, 무스카리, 하아신스, 프리지어 등이 있어요. 봄심기구근인 춘식구근은 날씨가 포근해지는 봄에 심어 초여름과 가을에 꽃이 피고 추위와 함께 휴면을 합니다. 열대지방이 주원산지로 보통 한여름 더위와 강한 해에 약한 특징을 갖고 있어요. 달리아, 글라디올러스, 아마릴리스 등은 봄에 심으면 더 예쁜 꽃을 볼 수 있어요.

여름에 심는 하식구근은 가을에 꽃이 피고 겨울은 잎이 나와 봄에 시들며 휴면에 들어갑니다. 상사화, 네리네나, 콜키쿰 등이 있어요. 가을에 심어 봄에 꽃이 피는 가을 구근은 보통 추위에 강한 편입니다. 아네모네, 아이리스, 알리움, 원종 시클라멘 등이 있어요.

Q. 봄에 꽃봉오리가 올라온 것도 좋지만 직접 구근을 심어서 꽃을 보고 싶어요. 언제 구입해 어떻게 식재를 하면 좋을까요?

A. 구근은 꽃시장이나 대형 쇼핑센터에서 가을부터 판매를 해요. 봄에 식재된 것으로 구입하는 것보다 비용도 저렴하고 직접 심어서 꽃을 보는 즐거움이 있어요 특히 야외 정원이 있거나 많은 양을 구입한다면 알뿌리를 직접 심는 방법도 좋아요.

식재에 적절한 시기는 구근의 종류나 장소에 따라 차이는 있어요. 베란다에서 키운다면 가을부터 또 야외에 식재한다면 이른 봄부터 심어도 꽃을 풍성하게 볼 수 있어요. 튤립은 노지재배와 화분재배가 모두 가능하지만 실내에서 키운다면 너무 춥기전 심으면 좋습니다. 식재를 할 때는 구근의 위 아래를 잘 구분합니다. 구분이 어렵다면 뿌리가 있던 쪽에 미세한 흔적이 있을 수 있으므로 뿌리 쪽을 먼저 찾아봅니다.

화분에 심을 때는 먼저 흙을 채우고 구근을 꽂듯이 심어줍니다. 껍질이 여러 겹으로 많을 때는 조금 벗겨주세요. 한 겹 정도로 얇은 경우는 그냥 심으면 흙 속에서 과습 등 무름을 방지할 수 있어요. 가든픽에 날짜와 이름 등 구분표식을 하면 관찰하고 관리하는데 도움이 됩니다. 물은 식재 후 부드럽게 분무기로 살짝만 주거나 저면관수를 합니다.

식재후에는 강한 햇빛을 피해 반그늘, 밝은 빛이 있는 곳에 둡니다. 물은 놓인 장소와 건조도에 따라 차이가 있지만 표면흙이 바싹 마르면 줍니다. 줄기나 꽃이 있는 것이 아니므로 너무 많이 주지 않도록 합니다. 위로 싹이 난 후는 해가 제일 좋은데 두고 관리하면 됩니다.

튤립

관리방법

- 빛 : 꽃봉오리가 생기기 시작하면 햇빛을 충분히 받을 수 있도록 합니다. 해가 부족하면 꽃봉오리가 작거나 올라오다가 멈출 수가 있어요. 꽃이 활짝 피면 강한 햇빛보다 반그늘로 옮겨주면 꽃봉오리가 너무 많이 벌어지는 현상을 막고 꽃도 더 길게 볼 수 있어요.
- 물 : 겉흙이 마르면 흠뻑 줍니다. 밤시간보다 이른 아침 꽃이 활짝 피기전에 흠뻑 주면 좋아요.

튤립 구근

♣ 다양한 구근의 꽃

무스카리

크로커스

수선화

히야신스

은방울꽃

시클라멘

45. 블랙클로버(*Trifolium repens*)

까맣고 작은 잎이 귀여운 블랙클로버에요. 작은 화분에서 심어서, 봄이면 빼꼼 얼굴 내밀고 베란다 창가에서 여린 줄기가 바람에 흔들리는 모습을 보고 있으면 기분이 좋아져요.

여러해살이 풀과의 클로버가 수 없이 모여서 자생하는 풀밭에서 네잎클로버를 발견하게 되면 큰 즐거움을 느낄 수가 있죠. 자연 상태에서 네잎클로버를 찾을 확률은 '만분의 일'이라고 해요. 주로 세잎클로버가 가득한 풀밭에 네잎의 클로버가 숨어 있기 때문에 그것을 찾는 사람게에 행운이 올 것이라는 믿음은 오래전부터 있었어요. 우리나라 뿐만 아니라 아일랜드의 전설과 여러 기록에 따르면 네잎클로버가 행운을 가져다 준다는 믿음을 처음으로 가졌던 사람들은 영국인과 성직자였다고 해요. 1930년대 이후부터는 고속도로의 입체교차로를 지정하는데 '클로버 잎(clover leaf)'이란 용어가 사용되었는데 이는 4개의 반원 형태로 된 형상을 지칭하는 것이었어요. 아무튼 네잎클로버는 보편적인 흰꽃 클로버 종 안에서 발견되는 유전적 변종일 뿐이라고 해도 보는 즐거움이 큰 식물이에요. 유럽이 원산지인 클로버는 오래전 자생지에서 발견한 이후 다양한 품종이 개발되어 원예용으로도 이용되고 있어요.

궁금해요! 알려주세요

Q. 봄에는 예쁘고 건강하던 잎이 더위가 시작되자 점점 가늘어지며 마르는 부분도 생기고 화분 옆으로 쓰러지는 현상을 보여요. 무엇이 문제일까요?

A. 클로버가 자라고 날씨가 더워지면서 화분에서 영양과 수분이 부족한 것이 영향을 미치는 것이에요. 야외 땅에서는 여러 가지 필요한 수분과 영양을 공급받았지만 화분에 식재해 실내에서 자라는 경우는 햇빛과 수분, 바람 등의 부족이 생길 수 있어요. 큰 화분으로 옮긴 후 밝은 곳에 두고 물을 충분히 주세요.

● 관리방법 ●

빛 : 강한 햇빛, 빛이 아주 좋은 곳에서 건강하게 자랍니다. 빛이 적은 실내에서는 웃자람의 현상이 나타나요.

물 : 겉흙이 마르면 흙에 아주 흠뻑 줍니다. 화분의 크기를 고려해서 물은 흙이 지나치게 오래 건조하지 않도록 충분히 주세요.

46. 콩짜개란(Bulbophyllum drymoglossum)

나무 표면을 타고 자라는 모습

산지의 큰나무 줄기와 바위 표면에 붙어 자라는 야생성이 강한 콩짜개는, 줄기는 옆으로 길게 뻗고 가늘며 2~3 마디마다 잎이 한 개씩 달려요. 어긋나는 잎은 7~13㎜ 정도로 타원형이며, 끝이 둥글고 밑 부분이 좁아요. 꽃은 6~7월에 연한 황색으로 핍니다. 우리나라는 물론 일본에도 많이 있는 것으로 알려져 있는데요. 멸종위기 야생식물 2급으로 지정되어 있어요.

궁금해요! 알려주세요

Q. 콩짜개란을 건강하게 잘 키울 수 있는 흙이나 화분이 있나요?

A. 콩짜개란의 특성상 일반흙보다는 수태를 이용하면 뿌리 착생이 쉬워요. 분재용 수석이나 유목 등에 수태를 이용해서 키워도 그 개성을 살릴 수 있어요. 콩짜개는 착생능력이 좋은데 유약을 바른 화분보다는 토분을 이용하면 표면에 뿌리가 잘붙어서 자라며 멋스러운 모습도 볼 수 있어요. 분재용 수석이나 유목, 작은 토분 등에 식재한다면 물이 너무 부족하지 않도록 잘 관리해주세요.

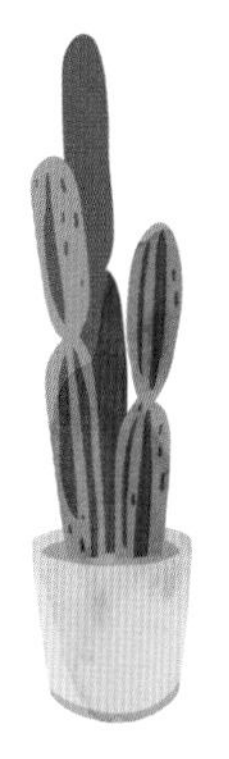

관리방법

- **빛** : 강한 햇빛을 피해 유리창을 한 번 통과한 밝은 빛이 있는 곳이 좋아요. 강한 해에는 표면이 금세 마르고 손상이 올 수 있어요.
- **물** : 수태가 마르면 아주 흠뻑 줍니다. 건조에도 견딜 수 있지만 더운 계절에 건조한 상태가 너무 길어지면 줄기와 잎이 손상을 입어요.
- **온도** : 겨울철 야외 월동은 어려워요. 5도 이상 유지되는 베란다 등 햇빛과 통풍이 좋은 곳에서는 겨울을 건강하게 날 수 있어요.

47. 녹영*(Senecio rowleyanus)*

완두콩을 닮은 동글동글한 잎이 줄줄이 달린 식물 녹영이에요. 서남아프리카가 원산지인 여러해살이로 사계절 내내 파릇하게 자라는 덩굴성 다육식물이에요. 작고 하얀 꽃과 동그란 콩 모양의 잎이 특징이며, 이러한 특징 때문에 유통명은 '콩선인장', '콩난'이라 불리기도 해요. 잎이 녹색 방울 같아서 녹영(綠鈴)이라고 하며, '세네시오' 또는 '줄초록구슬'이라고도 불러요. 줄기 길이가 20~60cm로 비교적 길게 늘어지며 자라요.

궁금해요! 알려주세요

Q. 녹영의 분갈이가 너무 어려워요. 분갈이는 어떻게 해야하나요?

A. 녹영을 구입하면 그 포트 속에 있는 것이 연결된 한 뿌리가 아니라 여러 뿌리가 모여 있어서 기존 화분에서 꺼내면 금세 흐트러지기 쉬워요. 그래서 천천히 조심스럽게 분갈이를 해야 알도 덜 떨어지고 소복하게 그 모습을 유지할 수 있어요. 즉 한 화분에 있지만 줄기 하나에 뿌리가 하나씩 있는 경우가 많아요. 이부분을 고려하지 않고 화분에서 꺼내면 흩어지는 줄기에 난감할 수 있어요. 미리 신문 등을 깔고 화분에서 조심스럽게 꺼내서 한 뿌리씩 옮겨서 심으면 됩니다

관리방법

- **빛** : 유리창을 한 번 통과한 밝은 빛이 좋아요. 강한 햇빛에는 표면의 잎이 화상을 입거나 수분 손실로 잎이 작아질 수도 있어요.
- **물** : 수분을 많이 갖고 있어요. 과습으로 물러질 수 있으므로 맑은 날을 선택해 흙에 줍니다. 그 물이 한나절 이상 남아있지 않도록 적은 양을 줍니다.
- **줄기관리** : 늘어지는 줄기가 다른 식물에 걸려서 끊어지지 않도록 걸거나 선반 등에 올려서 관리합니다.

녹영 분갈이 하기

플분에 있는 녹영을 손잡이 있는 토분에 옮겼어요.
스푼, 핀셋, 깔망 등을 준비해 녹영 잎이 떨어지지 않도록 심습니다.
처음에는 일반 분갈이삽을 이용해 흙을 넣고 나중에 가장자리는 스푼 등을 이용하면 좋아요. 플라스틱 스푼은 기존 화분의 흙을 추가하는 복토를 할 때도 가장자리로 소량의 흙을 채우기 좋아요.

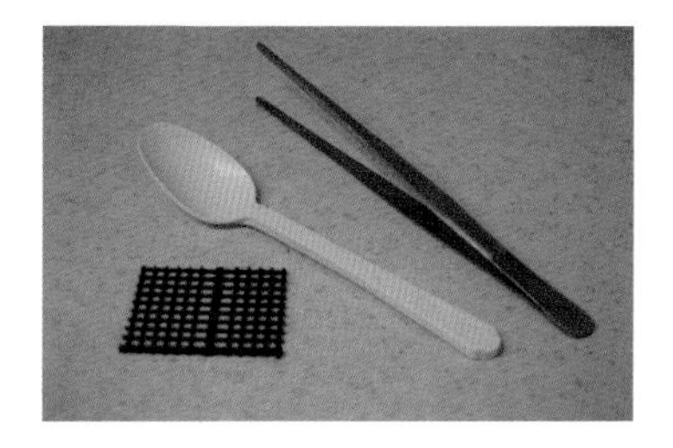

48. 잉글리시 라벤더(Lavandula)

허브의 여러 품종 중에서 '허브의 여왕'이라고 불리는 라벤더는 많은 장점을 갖고 있어요. 잎과 꽃을 보는 즐거움 뿐만 아니라 그 향기로 중추신경과 후각을 자극해 기억과 좌우뇌의 통합에 좋은 효과를 줍니다. 또 아름다운 보랏빛깔 꽃과 은은한 향은 마음까지 안정시키는 역할을 해요. 오일은 살균, 소독작용이 있어 가벼운 화상이나 피부질환, 외상 등에 효과가 있으며 벌레나 곤충에 물려 가려운 곳에 바르면 가려움증이 가라앉는 효과도 있어요. 그래서 오래전부터 서양에서는 라벤더로 오일이나 에센스를 만들고, 라벤더 잎과 꽃을 말려서 걸어두었어요. 라벤더도 그 종류가 많은데요. 스위트라벤더는 성장이 빠르고 꽃을 오랫동안 볼 수 있는 장점이 있어요. 잉글리시라벤더는 꽃은 차로도 마시고 잎은 건조시켜 분말을 만들어 향신료로 써요.

피나타 라벤더

궁금해요! 알려주세요

Q. 머리를 맑게 하고 스트레스를 줄여주는 데 도움이 되는 식물이라고 해서 구입했어요. 하지만 얼마 못가서 시들고 아래쪽 잎은 시커멓게 변했어요. 무엇이 원인일까요? 라벤더를 잘 키우고 싶은데 왜 이렇게 어려울까요?

A. 거실이나 침실, 공부방에 놓고 키우면 좋다는 말을 하지만 해가 적게 들고 바람이 잘 안통하는 방에서는 장기적으로 잘 키우기가 쉽지 않아요. 만약 키운다면 낮에 별도로 해와 바람이 좋은 장소에 두었다가 저녁 등 일정시간 짧게 놓아야 해요. 여러 허브와 함께 많이 볼 수 있는 라벤더는 특히 많은 분들이 오래 함께 하고 싶어해요. 어떤 환경으로 어떻게 관리해야 하는지 실패의 원인을 알고나면 조금 수월하게 라벤더와 함께 할 수 있어요. 실내 장소보다 햇빛이 좋고 바람이 잘 통하는 곳으로 옮겨서 키워주세요. 허브는 햇빛과 바람, 물이 중요한 역할을 합니다.

Q. 여름에 구입한 라벤더와 다른 허브화분을 야외 정원에 놓았어요. 햇빛을 좋아한다고 해서 바로 야외에 놓았는데 잎이 쳐지고 꽃이 시들어가요. 무슨 원인일까요?

A. 꽃집 실내나 집 베란다에 오래 있던 라벤더는 여름철, 해가 강한 한낮에 바로 야외에 내 놓으면 잎과 줄기 등이 힘없이 처질 수 있어요. 그러므로 해가 강한 시간을 피해 그늘이 조금 생길 때 내 놓거나 적응기를 두면 좋습니다. 야외 노지에 식재된 경우나 이른 봄부터 서서히 적응이 된 경우와 달리 여름철 강한 해에 바로 내놓으면 뜨거운 햇살에 잎과 줄기 등이 처지며 손상이 올 수 있기 때문이에요.

잉글리시 라벤더

프렌치 라벤더

관리방법

빛 : 햇빛과 통풍이 정말 중요합니다. 최대한 강한 해가 있고, 바람이 잘 통하는 곳에서 키웁니다.

물 : 계절따라 약간 차이가 있습니다. 봄부터 여름에는 겉흙이 마르면 아주 흠뻑 줍니다. 보통 크기의 화분에 심어 야외에서 키운다면 4월부터는 아침 저녁으로 물을 줍니다. 베란다 해가 좋은 곳에서는 겉흙이 마르면 흠뻑 줍니다.

통풍 잎 따기 : 아까워도 잘 자란다면 아랫쪽 많은 잎, 누런잎 등을 제거해서 통풍을 좋게 합니다.

49. 긴기아난(Dendrobium Kingianum)

긴기아난이 꽃이 활짝 피우면 아름다운 보랏빛 잔꽃과 그 향기가 기분을 좋게해요. 일반 꽃과 달리 긴기아난은 향기가 나는 시간이 따로 있어요. 보통의 꽃이 좋은 상태를 유지할 때는 며칠간 좋은 향을 내뿜는데요. 긴기아난은 주로 낮시간에만 향기가 은은하게 나요. 저녁부터 아침까지는 감쪽같이 향기가 없어져요. 아무리 코를 가까이 대고 킁킁거려도 어떤 향도 나지 않다가 낮이 되면 베란다 가득, 진한 향기로 물들어요.

궁금해요! 알려주세요

Q. 꽃이 풍성하고 건강한 모습인데 맨 아래쪽 잎은 자꾸 시들고 떨어져요. 물이 부족한가요?

A. 잎이 나고 꽃이 필 때 아랫쪽 묵은 잎 중에 일부는 마르거나 시들기도 해요. 일부 잎 몇 장 손상 때문에 물부족 등이 아닌가, 싶어 지나치게 물을 많이 주면 안돼요. 겉흙이나 수태가 바싹 말랐을 때 흠뻑 주고 시든 잎 등은 제거해주세요.

Q. 꽃을 건강하고 오래 볼 수 있는 방법이 있나요?

A. 꽃봉오리가 생기기 시작할 때는 강한 햇빛은 피하고, 유리창을 한 번 통과한 밝은 빛을 많이 받게 합니다. 꽃봉오리가 활짝 벌어지면 햇빛을 피할 수 있는 반그늘이 좋고 너무 따뜻한 곳보다 시원한 곳으로 옮겨주면 꽃을 조금 더 오래 볼 수 있어요.

맨 아래쪽 시든 잎 제거하기

♣ 긴기아난 식재하기

물에 적신 수태를 조금 넣고, 기존 화분에서 뿌리 주변 흙과 뿌리를 분리하지 않고 그대로 넣고 다시 가장자리로 수태를 추가하면 됩니다

알비료는 맨 위에 조금 뿌려주면 물 줄 때마다 천천히 녹아서 스며요.

꽃봉오리가 보일 때 최대한 햇빛이 좋은 곳에 두고 관리하면 좋아요. 꽃봉오리 생길 때는밤에 기온이 너무 낮지 않은 거실 등으로 들여주세요.

● 관리방법 ●

- **빛** : 강한 햇빛을 피해 유리창을 한 번 통과한 빛이 있는 곳이 좋아요. 꽃봉오리가 만들어지는 시기에는 햇빛의 양이 충분해야 합니다.
- **물** : 계절이나 성장기에 따른 차이는 있어요. 겉흙이나 수태가 바싹 말랐을 때 속까지 물이 스미도록 충분히 줍니다. 특히 수태를 사용한 양이 많다면 마른 수태가 젖어 뿌리까지 스미도록 줍니다. 자주 조금씩 주는 것은 과습이 될 수도 있으므로 조심합니다.
- **영양** : 꽃이 피고 잘 자라 번식이 되는 데 가장 필요한 건 햇빛과 물입니다. 그 다음으로 알비료 등을 추가해 주면 좋습니다.
- **온도** : 겨울철 5도 이하로 내려갈 때, 특히 밤이나 새벽에 냉해를 입지 않도록 조심합니다.
- **번식** : 뿌리 쪽에서 새로운 촉수가 올라와 번식을 합니다. 꽃이 진 후, 화분 속 긴기아난의 촉수가 너무 많다면, 그때 분리해 다른 화분에 식재합니다. 한겨울이나 한여름, 꽃봉오리가 있을 때는 피해서 분리합니다.

50. 줄무릇(*Ledebouria cooperi*)

진한 초록잎에 선명한 세로줄 무늬가 매력적인 줄무릇은 백합과에 속하는 여러해살이 식물이에요. 봄부터 여름까지 싱그러운 잎을 보여주다가, 기온이 조금씩 내려가는 가을부터는 잎이 생기를 잃고 변해요. 그리고 겨울이 되면 잎의 수분은 완전히 빠지고 누렇게 마르는 현상을 보입니다. 이때가 줄무릇이 휴면에 들어가는 시기예요.
줄무릇은 다년생 식물이지만 주로 가을부터 잎이 처지는 현상을 보이기 때문에 혹시 건조나 다른 문제로 착각할 수 있어요. 이때 물을 지속적으로 줄 경우 뿌리가 썩을 수도 있어요. 하지만 특성을 이해하고 관리하면 해마다 멋진 잎과 꽃을 볼 수가 있어요.

궁금해요! 알려주세요

Q. 화분에 심어서 야외 정원에서 키우고 있어요. 봄에는 괜찮았는데 여름이 되니 잎 끝이 타들어가듯이 마르고 있어요. 한낮에는 그늘이 거의 생기지 않는 곳인데 장소를 이동할까요? 마른 줄기를 회복할 방법은 무엇인가요?

A. 화분의 식물들은 한낮 해가 강한 여름철의 경우 땅에 뿌리내린 식물과 달리 손상을 입을 수 있어요. 제한된 화분속의 흙이 햇빛에 금세 말라서 식물의 뿌리가 흡수할 수분이 충분하지 않기때문이에요. 화분에 아침, 저녁으로 물을 준다고 해도 한낮의 뜨거운 해를 견디기는 쉽지가 않아요. 그늘이 생기는 곳으로 옮겨주세요. 손상된 잎을 다 자르는 것보다 마른 그 부위만 가위로 잘라주고 물을 충분히 주세요. 뿌리까지 완전히 마른 것이 아니라면 여름을 보낸 후 휴면기를 거쳐 봄이 오면 풍성한 모습을 볼 수 있어요.

관리방법

- **빛** : 밝은 햇빛을 좋아해요. 기온이 비교적 낮은 봄에는 직광도 잘 견디지만 30도 이상의 온도일 때는 강한 햇빛보다 그늘이 생기는 곳이 좋아요. 베란다에서 키운다면 유리창 앞쪽에, 야외 정원이라면 오후 해는 피할 수 있는 그늘이 생기는 장소에서 키우는 것이 좋아요.
- **물** : 계절에 따라서 차이가 있어요. 봄부터 초가을까지는 겉의 흙이 바싹 마르면 흠뻑 줍니다. 특히 새잎이 올라오고 성장하는 때는 물이 부족하지 않아야 건강해요.
- **휴면기** : 늦가을부터는 물을 줄이고 자연스럽게 잎이 시들도록 두어야 겨울철 휴면을 잘 할 수 있어요. 기온에 따라서 차이는 있지만 초봄부터 물을 조금씩 주고 새잎이 올라오면 물이 부족하지 않도록 흠뻑 줍니다. 줄기가 모두 사라지는 때를 대비해 이름을 쓴 가든픽을 화분에 꽂아주세요. 그렇지 않을 경우 잎도 줄기도 보이지 않는 때가 오면 다른 식물과 헷갈릴 수 있어요.

51. 호야(*Hoya carnosa*)

"모이자."하고 부르면 달려와서 줄을 설 아이들이 얼마나 많을까, 하는 생각을 한 적이 있어요. 제가 키우는 호야 종류만 손꼽아도 여섯가지 정도는 되니까요. 호야는 동남아시아와 오스트레일리아 등에 분포하는 여러해살이 덩굴식물입니다. 상록다년초로 분류되며 열대, 아열대의 원산지에는 100여 종이 분포하는 걸로 알려져 있습니다. 우리나라에도 다양한 호야가 수입, 재배되어 홈가드닝 식물로 사랑받고 있어요.

로시타와 룩타오꽃

◀ 호야, 룩타오 : 도톰한 잎은 계절과 햇빛의 양에 따라서 색상이 변해요. 처음 생기는 잎은 연두와 초록빛인데 햇빛을 잘 받으면 단풍처럼 붉게 물이들어요. 봄과 가을, 작은 꽃봉오리가 생기고, 별을 품은 것 같은 그 꽃봉오리가 커지며 내뿜는 향기는 그 어떤 좋은 향수 못지않게 은은하고 향기로워요.

◀ 호야 로시타와 꽃 : 비교적 긴잎의 진한 초록빛의 로시타는 자주색꽃이 피면 그 향기로 주변을 물들여요.

▶ 하트 호야 : 시중에는 하트 잎 한장씩만 떼어 판매하는 경우가 많아 원래 하트 잎만 있는 식물 아니었냐고 하시는 분이 많으세요. 사실 하트호야는 줄기끝에 하트 잎이 달리는 식물입니다. 하트 잎이 예쁘다보니 줄기 끝 그 잎만 잘라 짚풀이나 이끼 등으로 감아 하나씩 팔아요. 또 돌이나 잔치 등 기념선물로 선호해 주로 줄기 끝 하트 잎만 유통이 많이 됩니다. 그렇게 잎 하나마다 떼어 팔면 가격을 더 받을 수 있다보니 줄기째 있는 건 시중 유통도 적게 되고 가격 부담도 있어요.

호야 리사 : 수채화 같은 잎의 색감이 아름다운 리사

궁금해요! 알려주세요

Q. 호야를 몇 년째 거실에서 키우고 있는데 잎도 건강하고 무성하게 자랐어요. 그런데 꽃이 피지않고 있어요. 꽃이 피지 않는 원인과 호야의 꽃을 볼 수 있는 방법이 궁금해요.

A. 호야가 꽃을 피우는데는 몇가지 필요한 조건이 있어요. 우선 새로 생긴 줄기보다 묵은 줄기가 가지치기 없이 잘 자라고 있어야 하며, 꽃봉오리가 생기는 시기에 충분한 햇빛을 받고, 수분도 너무 부족하지 않아야 해요. 호야가 있는 장소를 보면 거실인데 햇빛이 충분한지 궁금해요. 잎도 건강하고 무성하게 잘 자라고 있다면 물은 적절히 잘 주고 있는 것 같아요. 혹시 가지치기를 하며 수형관리를 한 게 오래되지 않았다면 그 영향도 있고요.
호야가 꽃을 피우는 조건을 간단히 정리하면, 햇빛이 좋은 창가에 걸거나 선반에 올리고 줄기가 편안하게 늘어지도록 하고, 줄기를 자르는 가지치기는 하지 않아야 해요. 대부분의 호야 품종의 꽃은 2년 이상 자란 줄기에서 꽃봉오리를 만들거든요.
화훼단지에서 삽목으로 번식한 1~2년생 호야는 2~3년 정도 키우면 꽃을 볼 수가 있어요.

Q. 베란다에서 키우고 있는 하트호야의 잎이 겨울이 되면서 이상해졌어요. 잎 색상이 변하더니 뜨거운 물에 데친 것 같은 느낌이에요. 무슨 문제일까요?

A. 하트호야는 일반 호야보다 추위에 아주 약합니다. 냉해를 입으면 줄기부분이 처지며 잎이 마치 뜨거운 물에 데친듯 변합니다. 겨울철 베란다 문을 조금만 열어두어도 새벽 강추위로 냉해를 입고 회복도 쉽지 않은 경우가 있어요. 잎이 완전히 변한 것은 잘라내고 거실로 들이세요. 너무 따뜻한 공간보다 얼지는 않으면서 베란다와 기온차이가 너무 많이 나지 않는 곳에 두고 지켜보세요.

● 관리방법 ●

빛 : 강한 햇빛보다 베란다 유리창 등을 한 번 통과한 밝은 빛이 좋아요. 특히 기온이 25도 이상 올라가는 계절은 강한 햇빛을 조심하는 것이 좋습니다. 강한 해에 오래 두면 잎이 화상을 입고 줄기 끝이 마르며 손상이 옵니다.

물 : 물을 좋아하지 않아요. 수반이나 유리병에 물을 담아서 수경으로 키울수도 있지만 흙에 심어서 키울 때는 과습을 조심해야 해요. 화분에서 키울때는 겉에 흙이 바싹 말랐을때 흠뻑주세요. 겨울에 온도가 너무 낮으면 누런빛을 띄며 살짝 얼 수도 있어요. 특수한 화분인 구멍토분에서 걸이로 키운다면 속까지 물이 흡수되도록 흠뻑 줍니다. 자주 조금씩 주는 것보다 호야 종류나 화분특성, 흙의 종류를 고려해서 한 번에 충분히 줍니다. 일반 호야를 분갈이 흙에 심어 화분에서 키우면 겉흙이 바싹 마르면 흠뻑주고, 수태나 코코칩을 이용해 걸이로 키운다면 한 달에 한 번 정도는 주방 등으로 옮겨서 속까지 물이 스미도록 여러번 줍니다.

꽃 : 줄기를 많이 자른 경우나 삽목, 수경재배의 호야는 꽃이 피지 않는 경우가 있어요. 창가나 베란다 등에서 해가 좋고, 2~3년 이상 자라는 호야의 줄기에서 꽃을 볼 수 있습니다. 꽃이 피는 조건은 충분한 햇빛과 수분이 기본적인 역할을 합니다.

52. 다양한 선인장*(Cactaceae)* : 분갈이

선인장은 때로 오해를 많이 받는 식물이에요. '물을 주지 않아도 된다.', '가시가 있어서 무서운 식물이다.' 등의 생각을 하는 경우가 있기 때문이에요. 한 번쯤 그런 생각을 해 본 경우도 있을거에요. 하지만 살아있는 선인장도 건강하게 오래 살기 위해서 물이 필요해요. 또 모든 선인장이 가시로 날카롭거나 사람들을 아프게 하는 것은 아니에요. 가시가 거의 없거나 적어서 무섭지 않은 종류도 많아요. 이제 선인장에 대한 오해는 풀고 우리집 환경이나 내 마음과 맞는 선인장과 함께 하는 가드닝을 해보세요.

다양한 개성의 선인장

선인장은 건조지대나 아열대지방, 고원지대 등 전 세계 여러 환경에서 15,000여 종 이상이 분포하는 식물이에요. 흔히 가시가 많은 식물, 이라고 생각하지만 가시가 없는 종류는 물론 성질이나 그 형태도 정말 다양해요.
선인장은 기둥 모양으로 곧게, 위로 자라는 기둥 선인장 종류와 볼륨감이 다양한 철화, 가시가 없는 선인장까지 그 종류와 이름을 알고 나면 더 좋아지는 식물이죠.
선인장이 더운 계절을 좋아한다고 생각하기 쉽지만 실제로는 온도와 습도가 높은 여름철을 괴로워 하는 종류도 많아요. 그래서 비가 많이 내리는 장마철에는 통풍에 신경을 쓰고 습해지는 것을 방지하기 위해 물 주기를 조심해야 합니다. 한여름 강한 햇빛에 오래 두면 표면이 화상을 입을 수도 있어요. 곧은 형태로 자라는 선인장은 성장기에 햇빛이 부족한 경우 윗부분이 가늘어지며 특유의 균일한 모양을 보기 어려워요. 빛이 부족해 선인장의 모양이 변하는게 걱정이라면 줄기 형태가 자연스럽게 자라는 "철화" 종류를 선택하면 좋아요. 철화는 선인장이나 다육식물이 원래의 형태와 달리 주름잡은 것처럼 옆으로 퍼지거나 굽이치는 형태를 하고 있어요. 그래서 웃자라거나 그로 인해 모양이 이상하게 변하는 것에 대한 걱정이 적어요.

선인장과 햇빛

선인장이 더운지역 식물이지만 기온이 25도 이상인 야외의 강한 해는 피해야 해요. 자생하던 곳에서는 처음부터 그 환경에 맞게 적응하며 살았지만, 일반적인 원예용으로 재배되어 유통되는 종류는 강한 해에는 화상을 입고 가시 손상이 올 수 있어요.

관리방법

빛 : 강한 햇빛을 피해 유리창을 한 번 통과한 빛이 있는 곳이 좋아요. 새잎이 나며 성장할 때도 빛이 부족하지 않아야 웃자람이 적어요. 더운 계절 야외에서 강한 해를 오래 받으면 줄기에 화상을 입어요.

물 : 종류마다 생장에 필요한 물의 양이 달라요. 물을 전혀 안줘도 되는 선인장은 없지만 평소에 물관리를 크게 신경쓰지 않아도 되는 종류가 있고 주 1회 정도 물을 줘야 하는 종류도 있어요. 부피가 큰 선인장의 경우는 수분도 그만큼 많이 갖고 있어서 1~2개월에 한 번 정도 맑은 날을 선택해 가장자리로 줍니다. 반면 둥근 잎이 연결된 부채선인장 종류는 수분이 너무 부족하면 잎의 수분이 빠지며 손상이 올 수도 있어요. 그러므로 키우는 선인장의 종류와 계절, 장소에 따라 적절한 물주기를 합니다. 물을 줄 때는 일반 용기가 아닌 종이컵 등을 이용해 화분 가장자리 쪽으로 소량을 줍니다. 그래야 과습을 예방할 수 있어요.

흙 : 선인장마다 차이가 있지만 마사와 펄라이트 등을 적절히 섞어요. 일반 관엽식물 등에 심는 분갈이 흙만 사용하면 더운 계절이나 장마철 등에 과습이 올 수 있어요.

장소 : 아파트라면 밝은 빛의 베란다가 좋아요. 겨울에 영하로 내려가지 않으면 큰 문제없이 자라요. 실내에 둔다면 해가 좋은 낮에 몇 시간씩 베란다에 두면 모양도 예쁘고 건강하게 관리할 수 있어요.

♣ 신문지를 활용한 분갈이

선인장 크기를 생각해 신문 1~2장을 적당한 길이와 두께로 접습니다. 그리고 뿌리 바로 위쪽을 감싸듯 돌린후 손으로 잡아줍니다. 신문을 활용하면 장갑이나 집게보다 선인장 손상도 적고 손을 가시로부터 보호해줍니다. 코팅이 된 종이나 책표지 등 두꺼운 것이 선인장을 감싸면 가시가 꺾이거나 손상될 수 있으므로 얇은 종이가 좋아요.
비교적 작은 선인장은 신문을 거기에 맞게 잘라 지나치게 힘이 좋은 도구대신 잡는 용도로 사용합니다. 비닐 포트는 조물조물 조심히 주무르면 쉽게 빠져요. 만약 큰 플라스틱 화분이라면 화분 표면을 망치 등으로 살살 두드린 후 빼내면 좀 더 수월해요 화분 바닥에는 깔망과 촘촘한 양파망을 한 번 더 깔면 탁자 등에 두어도 흙이 흘러나오는 걸 방지할 수 있어요

신문을 잘라서 잡아 선인장을 고정하고 중심을 확인 한 후 가장자리로 흙을 채웁니다.
맨 위는 세척마사를 얹어주면 분갈이가 끝납니다.

잔가시가 심한 선인장을 신문지를 이용해 분갈이 한 모습

♣ 다양한 선인장

궁금해요! 알려주세요

Q. 처음과 다르게 모양이 이상하게 변하는데, 예쁜 모양으로 키울 수는 없을까요?

A. 곧은 형태로 자라는 선인장은 성장기에 햇빛이 부족한 경우 윗부분이 가늘어지며 특유의 균일한 모양을 보기 어려워요. 가느다란 조직의 선인장이라면 햇빛이 부족할 때 길게, 가늘게 웃자랄 수 있으므로 햇빛이 잘 드는 곳에 두세요. 빛이 부족한 곳에서 관리하는 선인장의 모양이 걱정이라면 줄기 형태가 자연스럽게 자라는 춘봉철화나 구름새, 유포비아 같은 종류를 선택합니다. 철화는 원래의 형태와 달리 주름잡은 것처럼 옆으로 퍼지거나 굽이치는 형태를 하고 있어서 웃자라거나 그로 인해 모양이 변하는 것에 대한 걱정이 적어요

53. 은세무리아(Kalanchoe orgyalis)

실버스푼이라는 별명의 은세무리아는 잎의 색이 은빛이에요. 잎 자체의 매력이 좋아서 많은 분들 좋아하는 다육식물 중에 하나에요. '가을다육'이라는 별명을 갖고 있는 일반 갈색잎의 세무리아와는 또다른 매력이 있죠. 은빛 잎 표면의 보들거리는 좋은 촉감은 물론, 잎꽂이로 화분을 늘려가는 즐거움도 있답니다.
세무리아는 베란다에서 여러 관엽 사이에 해가 조금 부족하거나 물 관리를 잘 못해도 무난히 자라며 예쁜 모습을 보여줍니다.

궁금해요! 알려주세요

Q. 처음 구입할 때와 달리 키가 자꾸 위로 자라고 있어요. 키는 작게 자라면서 풍성하게 볼 수 있는 방법은 없나요?

A. 세무리아가 일반 다육식물과 달리 위로 자라는 직립성장의 특징이 있어요. 그래서 일정한 키로 자란 후는 적심의 방법을 이용하는 것이 좋아요. 세무리아의 부피와 키를 고려해 적당한 위치에서 가위로 자릅니다. 잘라낸 윗부분의 절단면을 1~2일 정도 건조시킨 후 흙에 다시 심어줍니다. 기존 모체는 아래쪽 잎을 떼서 잎꽂이를 합니다.

햇살에 물드는 잎

세무리아 적심하기, 잎꽂이하기

키가 너무 많이 자라거나 웃자란 다육식물을 관리하는 방법으로 줄기를 절단해서 관리하는 '적심'은 세무리아에도 유용합니다. 꼭 필요한 경우 한겨울이나 한여름을 피해 적심을 하면 좋아요. 적심은 자를 위치를 신중하게 정하고 깨끗한 가위를 이용해 자릅니다.

키가 큰 세무리아는 줄기 중간 부분을 자르고 분리합니다. 그리고 자른 부분을 며칠 건조한 후 다른 화분에 심습니다. 가장 오래된 아랫쪽 큰 잎은 뚝, 따서 원래 화분 위에 올려서 잎꽂이를 합니다. 위로 새 잎이 많이 나면서 아랫쪽 묵은 잎은 자연스럽게 마르기도 합니다. 일부러 따지 않고 두었다가 완전히 마르면 슬쩍 건드려서 떼면 됩니다.

새 잎에서 느껴지는 은빛

적심으로 윗줄기 잘라 분리하고 새 잎이 나는 모습입니다.

아랫쪽 큰 잎 하나는 따서 화분 흙 위에 올려두면 뿌리가 나옵니다.

● 관리방법 ●

빛 : 강한 햇빛을 피해 밝은 곳에서 키웁니다. 강한 해에는 잎이 화상을 입을 수 있어요.

물 : 잎과 줄기에 수분이 많아요. 건조하게 키웁니다. 장소와 습도 따라 차이가 있지만 월 1회정도 주며 관리합니다. 추울때는 물주기를 줄입니다.

기타 관리 : 세무리아 특성상 위로 키가 많이 자라요. 키가 너무 커질 때는 원하는 줄기를 잘라서 따로 심으면 됩니다.

54. 백은무(*Kalanchoe pumila*)

잎 가장자리가 톱니같은 모양을 한 백은무는 잎에 은빛 가루를 뿌린 것 같은 색감으로 그 자체만을 보는 즐거움이 커요. 카랑코에 속의 식물인 백은무는 풍성하게 심어 꽃까지 보면 가드닝의 즐거움을 더 많이 느낄 수가 있어요. 백은무는 그 자체로 예쁜 잎을 갖고 있어서 분갈이를 할 때 강한 색의 화분보다는 토분이나 연한빛깔의 화분에 분갈이를 하면 잎을 더 돋보이게 볼 수 있어요.

궁금해요! 알려주세요

Q. 꽃이 피지 않아요. 잎만 보는 것도 좋지만 은은한 꽃도 보고 싶은데 무슨 원인일까요?

A. 햇빛이 조금 부족한 원인일 수도 있어요. 꽃봉오리가 생기는데는 흙의 영양과 수분, 햇빛의 양이 영향을 미쳐요. 꽃이 피는 시기에는 햇빛이 충분한 장소에 놓아주세요.

관리방법

- **빛** : 강한 햇빛을 피해 유리창을 한 번 통과한 빛이 좋은 곳에서 키웁니다.
- **물** : 건조보다 과습을 조심해주세요. 잎이 살짝 쪼글거리거나 겉의 흙이 아주 바싹 마르면 흙에 흠뻑 줍니다. 장마철이나 습도가 높은 한여름에는 과습을 조심해주세요. 물을 주지 않거나 저녁이 되면 흙이 모두 마를 정도의 양을 줍니다.

55. 바위바이올렛(*streptocarpus caulescens*)

보송보송한 촉감에 통통한 초록잎, 그 사이를 비집고 꽃이 피면 더 사랑스러운 식물 바위바이올렛이에요. 꽃을 보면 삭소롬 아닌가, 싶게 닮았죠. 하지만 바위바이올렛은 비교적 크고 넓은 삭소롬 잎보다 많이 작고 도톰해요.

봄이 오면 은은한 보랏빛 꽃이 더욱 풍성하게 핍니다.

궁금해요! 알려주세요

Q. 잎은 무성한데 꽃이 피지 않고 있어요. 보랏빛 꽃을 풍성하게 볼 수 있는 방법을 알려주세요.

A. 바위바이올렛의 잎이 건강하고 풍성한데 꽃이 피지 않는 것은 햇빛이 조금 부족한 것으로 볼 수 있어요. 밝은 빛이 많이 드는 창가로 옮겨서 관리해보세요.

● 관리방법 ●

빛 : 밝은 빛이 있는 곳이 좋아요. 유리창을 한 번 통과한 정도의 빛이면 꽃도 풍성하게 볼 수 있어요. 25도 이상의 날씨에 강한 해에 오래 두면 잎이 화상을 입어요.

물 : 겉흙이 바싹 마르면 흙에 흠뻑 줍니다. 겨울철이나 장마철에는 물주기를 조심해주세요.

온도 : 겨울철 영하의 기온에서는 냉해로 입이 손상을 입어요. 5도 이상에서 관리해주세요.

56. 리스본(Aethionema grandiflorum Boiss)

잎 끝에 생기는 꽃봉오리

얼핏 보면 침엽수 잎같기도 하고, 다육식물 소송록을 닮은 것도 같은 리스본은 잔꽃이 피면 더 매력적으로 함께 할 수 있는 야생화예요. 그 이름만 들으면 포르투칼의 도시 리스본이 떠올라 고향이 그쪽인가, 잠시 낯선 도시를 상상하게 됩니다.

궁금해요! 알려주세요

Q. 솔잎을 닮은 잎의 매력에 반해 들였어요. 건조하게 관리하는데 한동안 건강하던 잎이 어느날부터 아래로 처지더니 말라서 떨어지고 있어요. 무엇이 문제일까요?

A. 햇빛과 물 부족이 함께 온 것 같아요. 우선 햇빛이 잘 드는 곳에 있다면 물을 준 시기를 체크하고 흙이 젖을 정도로 물을 주세요. 한 번에 너무 많은 양을 주는 것보다 흙속이 흠뻑 젖을 정도로만 주세요. 손상된 잎은 손으로 살살 털어서 완전히 제거해주세요.
리스본은 햇빛이 좋은 곳에 두고 겉의 흙이 바싹 마르면 흙에 물을 주고 관리하면 사계절 건강한 잎과 예쁜 꽃을 볼 수 있어요.

● 관리방법 ●

빛 : 밝은 햇빛을 좋아해요. 실내 햇빛이 적은 곳보다 유리창을 한 번 통과한 햇빛이 풍부하게 드는 곳이 좋아요. 햇빛이 적으면 잎과 줄기의 간격이 넓어지고 웃자람 현상을 보여요. 햇빛이 좋아야 꽃도 풍성하게 볼 수 있어요.

물 : 건조하게 관리해주세요. 과습에는 잎이 누렇게 변하고 떨어져내리며 손상이 와요. 화분 크기와 장소에 따른 차이가 있지만 화분 겉과 속의 흙이 아주 바싹 말랐다고 느껴지면 가장자리부터 흠뻑 주세요. 기온이 높아서 건조로 인한 잎처짐 현상이 있으면 물을 흠뻑 준 후 밝은 곳에 두세요.

통풍, 아랫쪽 줄기관리, 수형 : 뿌리에서 가까운 잔가지와 잎은 제거해 통풍이 잘 되도록 하고 지나치게 많은 가지 등은 잘라줍니다.

흙과 화분 : 화분은 리스본 높이와 잎의 부피에 적당히 맞는 크기를 선택하고, 일반 분갈이용 흙과 마사를(70:30) 섞어서 심습니다. 마사가 지나치게 많으면 꽃이 필 때 영양이 부족할 수 있어요.

온도 : 추위에도 강한 편이에요. 너무 따뜻한 실내보다 5도 이상의 베란다가 좋아요 .

57. 에어플랜트, 이오난사(*Tillandsia ionantha*)

다양한 에어플랜트들이 있지만 처음 공중식물의 존재를 사람들에게 드러내기 시작한 종류 중에 하나가 바로 이오난사예요. 화분도 없이, 파인애플 윗줄기처럼 뾰족뾰족한 잎에 은빛이 반짝이는 모습이 많은 사람들의 눈에 신기하고 조금은 낯설게 와닿았거든요.
작지만 가을에 물이 들고 꽃이 피면 더욱 사랑스러운 에어플랜트 이오난사예요.

♣ 일회용기를 이용한 이오난사 키우기

궁금해요! 알려주세요

Q. 공중식물의 물주기가 정말 어려워요. 판매처에서는 물을 주지 않고 대충 아무곳에 두기만 해도 된다고도 하고요. 종류가 다른 틸란들, 가끔 분무를 하라고 하는데 수분관리가 어려워요.

A. 물을 주지않고 잘 살 수 있는 식물은 없어요. 에어플랜트도 종류에 맞는 물주기를 해야 건강하게 관리할 수 있어요.
수염틸란 등 가느다란 잎의 종류는 특성상 수분을 저장하고 있는 양이 적어 너무 마르지 않게 자주 분무를 합니다. 많이 말랐다면 3~4시간 이상 물에 푹 담궈 둡니다.
세로그리피카, 버게리 등 중심 줄기가 두툼한 종류는 잎과 중심 줄기의 자체수분력이 차이가 납니다. 물을 자주 공급하면 중심줄기 아래부터 과습으로 검게 손상이 올 수 있습니다. 잎이 말라 수분이 부족한 게 느껴지면, 싱크대 등으로 가져와 걸어 놓고 시간 간격을 두고 물을 분무합니다. 말랐다고 물에 오래 담그면 잎은 수분을 보충하지만 중심 줄기가 과습에 노출 될 수도 있으므로 조금 번거로워도 시간을 두고 물을 뿌리는 방식으로 줍니다.
휴스톤, 코튼캔디 등 보통 정도의 잎을 가진 종류는 잎에 수분을 어느 정도 저장하고 있으므로 샤워호스 등으로 흠뻑 젖게 하면 됩니다. 수분 공급을 너무 오랫동안 못한 경우라면 주방 등으로 갖고와서 깨끗한 용기에 물을 넣어 그곳에 3~4시간 정도 담그고 빼기를 반복하면서 물을 충분히 흡수하도록 합니다.

● 관리방법 ●

빛 : 강한 햇빛을 피해 유리창을 한 번 통과한 밝은 빛이 있는 곳이 좋아요. 강한 해에는 줄기가 손상을 입고 빛이 지나치게 없는 곳은 잎의 건강을 유지하기 어려워요.

물 : 베란다 등 습도가 좀 있는 곳이면 물을 최대한 적게 공급합니다. 틸란마다 특성이 달라서 물주기 방법이 다르므로 작은 이오난사는 과습을 조심 합니다. 겨울철에는 2~3주에 한 번 정도 샤워호스 등으로 표면을 흠뻑 적셔줍니다. 습도가 높은 한여름은 장마철과 비오는 날 물주기를 주의하고 최대한 맑은 날 오전에 준 후 습기가 모두 없어지도록 합니다.

꽃 : 꽃이 진 후는 시든 꽃송이 떼어내고 해가 좋은 곳에 둡니다. 이후에 번식도 되고 건강하게 키울 수 있습니다.

장소 : 실내보다 햇빛 잘 드는 창가나 베란다가 좋습니다. 해가 적은 실내에 오래 있으면 잎의 은빛이 적어지고 통풍의 어려움으로 밑쪽이 썩을 수 있어요. 유리 용기나 공기 잘 안통하는 용기에 뿌리쪽이 닿는 형태로 오래 두는 것보다 걸어서 공기중에 노출이 되도록 합니다.

58. 사랑초(*Oxalis triangularis*)

다양한 꽃과 잎으로 사랑받는 구근식물인 사랑초는 하트모양을 가진 잎이 많아서 사랑초라고 불리기도 해요. 실제 학명은 '옥살리스'인데 '사랑초'라는 이름에 오랫동안 친숙한 꽃식물이죠.

사랑초는 여러해살이 풀과의 알뿌리, 꽃식물이에요. 뭔가 설명이 많은 것 같지만 꽃이 피는 여러해살이 식물이에요. 사랑초는 전 세계에 1,000여종 가까이 분포하는 것으로 알려져있는데 국내에도 수십 종 이상이 유통되고 있어요. 사랑초만으로 베란다를 가득 채우며 가드닝을 하는 마니아도 있어요.

사랑초는 주로 한가지로 통칭하지만 품종에 따른 세부 이름이 있고 또 휴면이나 꽃을 피우는 시기에 따라서 다르게 분류하고 있어요. 이 때문에 키우고 있는 사랑초의 품종을 알면 관리가 더 쉬워요. 사랑초는 휴면기 없이 사계절을 지내며 꽃을 피우는 상록종, 가을부터 봄까지 성장하고 더위가 시작되면 휴면을 하는 동형종, 봄부터 가을까지 성장하고 추위가 오는 때부터 한겨울 휴면을 하는 하형종으로 나뉘어요.

줄기삽목

보라사랑초, 쿠퍼글로우, 산미구엘리 등은 사계절 꽃을 보여주는 상록성으로 특히 많은 분들이 키우는 품종이에요. 성장도 그만큼 좋기 때문에 수형관리나 더운 계절에 신경을 쓰면 사계절 사랑초 꽃이 화사한 정원을 만들 수 있어요.

♣ 다양한 사랑초 꽃

궁금해요! 알려주세요

Q. 다양한 사랑초를 키우고 있어요. 그런데 꽃을 피우고 나면 줄기와 잎이 모두 시들어요. 구입한 곳에 문의하니 휴면을 하는 품종이라고 해요. 이때는 구근을 캐서 보관하는 것이 좋을까요? 캐서 보관한다면 언제 어떻게 할까요?

A. 사랑초의 꽃이 만개한 후는 잎도 무성해지면서 흙 속의 구근이 커집니다. 이때는 물이 부족하지 않도록 겉 흙이 마르면 아주 흠뻑 주세요. 더위와 함께 잎이 시들기 시작하면 물을 줄입니다. 줄기가 어느정도 말라갈 때부터는 물주기를 중단하고 화분의 흙을 바싹 말린 후에 구근을 캐서 햇빛을 피해 습기가 없고 서늘한 곳에 보관합니다. 알뿌리는 보통 초겨울부터 봄까지 꽃이 피는 품종은 10~11월에 심고, 가을,겨울에 꽃이 피는 품종은 한여름 더위가 끝나는 9월을 적당한 구근 심기로 추천할 수 있어요. 하지만 그때의 날씨와 습도의 변화를 고려해 적적한 물관리는 꼭 필요합니다. 식재를 한 후는 해가 좋은 곳에 두고 맑은날을 선택해 저면관수를 해주세요.

관리방법

빛 : 강한 햇빛을 피해 유리창을 한 번 통과한 밝은 빛이 있는 곳이 좋아요. 더운 계절에 직사광선을 오래 받으면 꽃과 줄기가 빨리 시들 수 있으므로 더운 때는 그늘이 생기는 곳이 좋아요.

물 : 겉흙이 마르면 아주 흠뻑 줍니다. 키가 낮게 자라거나 줄기가 뿌리쪽에서부터 풍성한 경우에는 물을 줄 때 줄기나 잎이 물이 닿지 않도록 하거나 저면관수로 물주기를 합니다.

온도 : 사랑초의 모든 품종이 야외 월동은 어려워요. 상록성 사랑초의 경우 한겨울에도 온도가 5℃이하로 내려가는 곳은 피합니다.

번식 : 상록성의 경우 잘 자라면 무성하게 자라는 가지를 잘라서 꺾꽂이(삽목)을 합니다. 계절성 사랑초의 경우 화분에 식재되어 꽃이 풍성하게 피고 줄기가 완전히 시들기 전에 충분한 햇빛과 물관리로 화분속에서 구근을 늘립니다.

59. 알로에(Aloe)

'노회', 또는 '나무노회'라고도 하는 알로에(aloe)는 백합과 알로에속의 식물을 통틀어 이르는 말이에요. 알로에란 아라비아어로 '맛이 쓰다'는 뜻으로 붙여진 이름이고, 노회란 Aloe의 '로에'를 한자로 바꾼 이름이에요.
알로에의 잎은 칼날 모양으로 끝부분이 대부분 날카롭고 잎 가장자리에는 가시가 있는 다육식물의 특징을 갖고 있어요. 잎은 뿌리와 줄기에 달리며 어긋나고 반원기둥 모양이며, 잎 가장자리에 날카로운 톱니 모양의 가시가 있어요. 밑 부분은 넓어서 줄기를 감싸며 로제트 모양으로 퍼지고, 뒷면은 둥글고 앞면은 약간 들어간 형태에요.
식용으로도 이용되는 알로에의 즙액은 위장에 좋다고 알려져 있으며 알로에를 활용한 다양한 건강식품도 있어요. 알로에는 제2차 세계대전 직후부터 그 성분이 밝혀지고 있는데 지금까지 결과에 의하면, 세균과 곰팡이에 대한 살균력이 있고 독소를 중화하는 알로에틴이 들어 있으며, 궤양에 효과가 있는 알로에우르신과 항암효과가 있는 알로미틴이 들어 있어요. 이밖에도 이로운 성분이 많으며, 알로에 잎을 자르면 황색 물질이 흘러나오는데, 이것은 장활동에 특히 효과가 있다고 해요. 관상용은 물론 식용알에로 액즙을 마시고, 외상이나 화상 등에도 이용하는 것을 보면 알로에는 정말 장점이 많은 식물임을 알 수가 있어요.

알로에는 아프리카 지중해 지방 등을 포함해 수백 종이 있어요. 식용이 가능한 품종으로는 알로에 베라와 알로에 사포나리아, 아보레에센스 등이 있는데, 잎이 두툼하고 길게 수확할 수 있는 대형종이 많아요. 주로 식용으로 선호되던 알로에 외에도 최근에는 관상용으로 기를 수 있는 원예품종이 많이 개발되고 있어요.
알로에라는 통칭으로 유통되지만 품종에 따라서 생김이나 색상, 성장의 속도 등 다양해요. 그 만큼 가격 차이도 많아요. 알로에의 관리 경험이 없는 경우 어려움을 겪을 수 있어요. 환경에 따라서 관리와 적응성 등 여러 요소가 작용할 수 있으므로, 가격대가 너무 높은 종류보다는 부피는 너무 크지 않고 작거나 아담하며, 저렴한 종류부터 시작하면 좋아요.

♣ 알로에 분갈이

미니종을 제외하면 알로에는 비교적 두툼하고 위로 솟아나듯이 자라며 크기와 부피도 큰 편이에요. 화분을 선택할 때도 그 부분을 고려합니다.

알로에는 농장에 따라서 차이는 있지만, 주로 땅에서 키우다가 판매를 위해 작은 플라스틱화분에 식재 후 그곳에서 1~2개월간 유통되는 경우가 많아요. 알로에가 화분에서 잘 빠지지 않을 수 있으므로 가위 등 도구를 이용해 화분과 뿌리를 분리합니다.

알로에 어큘레아타

알로에 용산

식용 알로에

식용으로 사용할 알로에를 키운다면 그 용도를 고려해서 화원 등에서 상담 후에 구입을 합니다. 분갈이를 할 때는 일반 화분보다 플라스틱이나 도자기 등을 선택한 후 크고 넓은 화분에, 지나치게 깊이 심지 않아요. 식용으로 잎을 잘라서 사용해야하므로 칼이나 도구 등을 이용해 줄기 수확이 수월하도록 하기위해서예요.

그린인테리어

알로에는 상업공간이나 사무공간 등의 그린인테리어에도 잘 어울려요. 작은 알로에라면 창가나 베란다 등에 놓을 때, 잎 보호나 장식 등의 효과까지 낼 수 있도록 가벼운 바스켓이나 투명 용기에 담아도 좋아요. 성장이 더딘 종류의 잎이 손상되면 회복이 더딜 수 있으므로, 안전하고 예쁘게 볼 수 있는 곳에 놓아요.

관리방법

빛 : 강한 햇빛보다는 유리창을 한 번 통과한 밝은 빛이 있는 곳이 좋아요. 기온이 25℃ 이상의 더운 계절에 직사광선을 오랫동안 받으면 알로에 잎의 표면이 화상을 입을 수 있기때문이에요. 반면 빛이 너무 적은 실내에서만 키우면 알로에의 잎간격이 벌어지고, 새로나는 잎은 가늘고 길게 웃자라는 현상을 보일 수 있어요

물 : 화분의 겉흙이 아주 바싹 마르면 흠뻑 줍니다. 잎에 수분을 많이 갖고 있으므로 과습을 조심합니다. 잎이 살짝 오므라들고 수분이 빠진 느낌이면 한 번에 흠뻑 주기보다 2~3일 간격으로 소량씩 나누어서 줍니다. 과습이 걱정된다면 한여름과 한겨울철은 물주기를 줄이고, 장마철이나 비가 오는 날은 피하고, 맑은 날을 선택해 화분의 가장자리로 줍니다.

흙과 화분 : 관상용 알로에의 경우는 성장이 더딘 편이므로 너무 큰 화분보다 식물 부피에 맞는 크기를 선택합니다. 알로에의 종류에 따라 길쭉한 잎이 많고 키가 높다면 작은 접촉에도 알로에가 쓰러질 수 있으므로 화분이 알로에의 균형을 잘 유지하는 크기와 형태를 고려합니다. 반면 식용 알로에를 들여서 관리하며 이용한다면 가장자리쪽의 잎부터 칼이나 가위 등으로 잘라서 이용하는 특성상 도구 사용에 어려움이 없도록 화분 위쪽의 입구 부분이 바닥면보다 넓은 형태를 선택합니다.

알로에가 가늘게 길어지는 경우 : 처음 구입했을 때보다 길이는 길어지고 가늘다면 햇빛이 부족해 웃자란 상태일 수도 있어요. 햇빛의 양을 체크한 후 장소를 이동해주세요.

물부족으로 줄기 부피가 줄어든 경우 : 한번에 많은 양의 물을 주는 것보다 2~3주 정도 기간을 정하고 맑은 날 화분 가장자리로 소량씩 자주 줍니다. 한 번에 많은 양을 주면 알로에가 흡수할 수 있는 양을 초과해 과습으로 물러질 수 있기 때문이에요.

60. 안스리움 크리스탈호프(*Anthurium andraeanum*)

♣ 잎꽂이 번식하기

안스리움 크리스탈호프는 잎의 무늬가 아름다운 관엽식물이에요. 작은 잎 한 장에서 키우기 시작해 지금은 성체가 되어 특유의 잎맥을 멋스럽게 보여주고 있어요. 처음에는 지인이 키우고 있는 안스리움에서 잎을 한 장 떼서 수태를 이용해 플라스틱화분에 식재된 것을 받았어요. 그 한 장의 잎에서 뿌리가 나고 새잎이 나면서 성체로 자랐어요

잎 한 장의 모습
강한 햇빛을 피해 창가에 두고, 처음 받을 때 수태에 쌓인 그대로, 수태가 너무 마르지 않도록 관리합니다. 그렇게 여름이 가고 가을이 깊어질 무렵, 반투명 화분으로 뿌리가 나는 게 보이더니 잎이 한 장 더 났어요.

토분에 정식하기
지속적으로 수태에만 키우면 영양이나 물관리 등 어려움이 있으므로 토분으로 옮겼습니다. 기존 화분에서 꺼내니 그 전에 없던 뿌리가 보입니다. 저 뿌리는 이제 안스리움을 더 건강하게 튼튼히 자라게 하는 역할을 합니다.

궁금해요! 알려주세요

Q. 잎꽂이를 할 때 어떤 잎을 선택해야 성공률이 높나요? 관리할 때 주의점은 무엇인가요?

A. 모체가 풍성하게 잎을 내고 있는 경우에 번식할 잎을 따냅니다. 너무 어린 잎보다는 중간 정도의 잎을 선택합니다. 지나치게 어린잎은 뿌리가 나지 않을 수도 있어요. 완전히 성체가 된 건강한 잎을 하나 선택해 수태로 감싼 후 플라스틱 화분에 식재해서 관리합니다. 잎에 분무를 자주 하거나, 화분을 미니온실이나 플라스틱 용기 등에 넣어서 공중습도를 잘 유지하도록 관리하면 뿌리가 나는데 도움이 됩니다.

● 관리방법 ●

빛 : 강한 햇빛을 피해서 밝은 곳에서 관리합니다. 직사광선을 오래 받으면 잎 끝이 타고 손상이 옵니다.

물 : 겉의 흙이 바싹 마르면 흠뻑 줍니다. 매일 조금씩 자주 주는 것보다 겉흙이 바싹 마르면 그때 한 번 흠뻑 줍니다. 조금씩 자주 주면 흙 속의 굵은 뿌리가 썩을 수도 있어요.

온도 : 한겨울 추위를 조심합니다. 12~3월은 기온이 5도 이상이 되는 곳에서 관리해주세요.

ATRIUM

61. 제주애기모람(*Ficus thunbergii*)

제주도에서 자생하는 식물인 제주애기모람은 잔잎이 귀여운 덩굴 식물이에요. 새끼손톱보다 작은 잎을 보고 있으면 그 귀여움에 시선을 떼기가 어려워요. 초미니 식물의 모임이 있다면 그곳에서 빠지지 않을 식물이에요. 제주애기모람은 화분에 식재해 늘어지게 키워도 되고 돌이나 나무를 이용해 줄기가 타고 올라가도록 관리하면 새로운 분위기를 느낄 수 있어요. 자생지인 제주에서는 주로 습한 음지의 환경에서 이끼와 공생하며 군락을 이루고 자라요.

Q. 구입한 제주애기모람이 몇 달을 가지 못하고 말라서 손상돼요. 관리가 너무 어려워요. 제주애기모람을 키울 때 주의할 점은 무엇인가요? 자꾸 말라서 손상이 오는데 수경으로도 키울 수 있나요?

A. 제주애기모람의 작은 잎과 부피 특성상 주로 화분이 작고 수태에 식재된 경우가 많아요. 이 경우 매일 살펴보고 필요할 때마다 물 관리를 해야해요. 특히 건조한 계절에 물이 부족하면 뿌리와 줄기가 말라서 손상이 옵니다. 작은 화분이라면 미니온실이나 투명 플라스틱 용기에 넣어서 밀폐로 관리를 하면 도움이 됩니다. 더운계절, 고온이나 과습일 때는 잎이 녹아내릴 수도 있으므로 시원한 곳에서 관리해주세요. 수경으로 잠깐은 키울 수 있지만 지속적으로 물 속에 뿌리를 잠기게 하면 주변의 잎은 녹아서 사라질 수 있어요. 또 영양의 부족으로 줄기만 길어지고 새잎이 나기 어려워요.

빛 : 강한 햇빛을 피해 반그늘에서 키웁니다. 강한 햇빛에는 잔잎이 마르며 손상이 옵니다.

물 : 건조를 조심해주세요. 식재한 흙의 특성을 고려해 외부의 표면이 마르면 흠뻑 줍니다. 물이 부족하면 잎이 말라서 떨어지며 손상이 옵니다. 공중습도를 잘 유지하는 것도 건강하게 관리하는데 도움이 됩니다.

번식 : 줄기를 잘라서 수태에 식재한 후 햇빛을 피해 반그늘에서 관리합니다. 화분을 플라스틱 용기 등에 넣어서 습도를 유지하면 뿌리가 건강하게 내리는데 도움이 됩니다.

62. 구절초(*Dendranthema zawadskii var. latilobum*)

구절초는 초롱꽃목 국화과의 여러해살이 풀과의 꽃식물이에요. 넓은잎구절초, 구일초, 선모초, 들국화, 고뽕이라고도 불러요.

구절초 꽃은 색상도 다양한데 흰색, 청보라, 노랑 등 야산이나 들판 등 군락지에서 모여서 핀 구절초 꽃은 가을에 멋지게 볼 수 있죠. 그래서 가을이 되면 지자체에 따라 구절초 축제가 열리는 곳도 많이 있어요.

구절초는 흙과 물 등 환경만 맞으면 번식력이 좋은 특성이 있어요. 그래서 야외 정원이 있다면 구절초를 땅에 심거나 큰 화분에 여러 포트 풍성하게 모아 심어도 좋고 한 포트를 넉넉한 크기 화분에 심어서 한 동안 꽃을 보고 번식시키는 것도 좋아요.

구절초 꽃은 얼핏보면 목마가렛과 비슷하게 보일 수 있어요. 하지만 목마가렛은 햇빛과 온도가 맞으면 봄부터 가을까지 꽃이 피고지고를 반복합니다. 하지만 구절초는 더위가 끝나고 가을에 꽃을 피우는 특징이 있어요.

구절초 꽃봉오리

궁금해요! 알려주세요

Q. 꽃이 진 구절초 한포트를 구입해서 화분에 분갈이해서 키우고 있어요. 꽃이 지고 나니 잎도 줄기도 힘이 없고 시들해요. 해가 좋은 곳에 놓고 물을 줘도 회복되지 않아요. 무슨 원인일까요?

A. 구절초가 휴면을 준비하는 것입니다. 주로 9,10월에 꽃이 피었다가 꽃이 시들고 날이 추워지면서 구절초도 휴면에 들어가요. 물주기를 줄이고 밝고 시원한 곳에 두고 겨울을 나게 해주세요. 물은 따로 주지 않아도 됩니다.

아래쪽 줄기를 제거하여 통풍이 잘되게 합니다.

● 관리방법 ●

빛 : 햇빛을 좋아합니다. 빛이 적으면 꽃이 적거나 피지 않을 수 있고 진딧물이 생길 수 있어요. 실내보다 해가 좋은 곳에서 키웁니다.

물 : 겉흙이 마르면 흙에 흠뻑 주세요. 흙이 너무 건조하면 꽃이 빨리 시들고 잎이 손상을 입어요. 휴면을 하는 겨울을 제외하고 봄부터 가을까지는 겉의 흙이 마르면 흠뻑 주세요.

꽃이 진 후 : 시든 꽃대를 자르고 물을 주며 관리하다가 겨울에 줄기가 완전히 사라지면 물을 줄이고 베란다 등 한쪽에 둡니다. 봄에 화분에 다시 물을 주면 뿌리가 깨어나고 새잎이 납니다.

장소 :빛이 적은 실내보다 해가 좋고 바람이 잘 통하는 곳에서 키웁니다. 야생화이므로 빛이 적은 실내에서는 건강하게 관리하는 것이 어려울 수 있어요.

구절초 분갈이 : 포트에 있는 구절초를 구입해서 베란다에서 키운다면 조금 더 큰 화분에 분갈이를 합니다.

63. 칼라디움 타이뷰티(Caladium Xhortulanum Birdsey)

관엽식물 중에서도 잎의 색상이 화려하고 빛에 따른 변화가 풍부해서 잎 자체만으로도 멋진 칼라디움은 열대, 남아메리카 등 더운 지역이 원산지예요. 칼라디움은 계절성 성격을 띠며 휴면과 성장을 반복하는 초본류로 화분에 식재해서 보는 분화 식물이면서 꽃꽂이나 테이블 장식으로도 많이 사용되고 있어요. 요즘은 개량된 여러 품종이 가드닝용으로 유통되고 있어요.
칼라디움 타이뷰티는 햇빛의 양에 따라서 초록색과 분홍, 흰색 등 여러 가지 색감을 느끼며 키우는 즐거움을 안겨주는 품종이에요.

♣ 새잎의 성장과 햇빛에 따른 잎의 변화

궁금해요! 알려주세요

Q. 봄에 구입해서 잘 자라던 칼라디움이 가을이 시작되자 줄기와 잎이 쳐지며 이상해요. 물을 줘도 소용이 없는데 어떤 원인일까요?

A. 휴면기에 접어든 신호예요. 칼라디움은 구근식물로 보통의 구근식물처럼 계절에 따라서 활동을 달리 하며 휴면을 하는 종류예요. 더운 지역의 식물답게 겨울철에는 휴면을 하며 알뿌리에 영양을 비축하고 봄을 대비합니다. 휴면을 위한 정상적인 준비의 모습으로 볼 수 있으므로 기온이 내려가는 가을부터는 물을 줄이고 줄기와 잎이 완전히 시들면, 알뿌리를 캐서 보관하거나 화분에 그대로 두고 서늘한 곳에 보관해주세요. 기온이 올라가는 봄부터 물 주기를 늘리면 싹이 나면서 새로운 칼라디움의 잎을 다시 볼 수 있어요.

● 관리방법 ●

- **빛** : 강한 햇빛에는 잎의 끝이 마르는 등 손상이 올 수 있어요. 유리창을 한 번 통과한 밝은 빛이 있는 곳이 좋아요. 반면 햇빛이 너무 부족하면 잎에 고유의 색상이 나타나지 않기도 해요.
- **물** : 봄, 여름에는 겉흙이 아주 바싹 마르면 흙에 흠뻑 주세요. 가을에 접어들면 물을 줄이고, 찬바람이 불면 물을 주지 않습니다.
- **온도와 휴면** : 기온이 낮아지는 가을부터 휴면을 준비합니다. 영하 기온에서는 구근이 얼 수가 있고, 너무 따뜻한 곳에 보관하면 휴면에 들기가 어려워요. 생장기에는 밝고 시원한 곳에, 휴면기에는 5도이상의 시원한 곳에 보관합니다.

64. 디스코레아 디스컬러(Discorea discolor)

하트 모양의 잎을 가진 식물의 종류는 다양해요. 그 중에서도 디스코레아 디스컬러는 크고 선명한 하트에 은은색 색상과 함께 잎맥도 매력적이에요. 줄기가 길게 늘어지며 자라는 넝쿨성의 특성이 있어서 지줏대를 만들어 잎을 고정하며 키우거나 화분을 비교적 높은 선반 등에 올리고 잎이 늘어지도록 키워도 개성있는 모습을 볼 수 있어요.

앞면과는 다른 자줏빛의 뒷잎

새잎이 나서 자라는 모습

궁금해요! 알려주세요

Q. 햇빛이 적은 공간이지만 매력적인 잎에 끌려서 구입했어요. 예쁘고 건강하게 키울 수 있는 방법을 알려주세요

A. 강한 햇빛을 요구하는 식물에 비하면, 디스코레아 디스컬러는 햇빛이 적은 곳에서도 크게 어렵지 않아요. 우선 식물전용등을 구입해서 햇빛을 대신한 광합성을 할 수 있도록 합니다. 알전구 형태를 구입해 직접 빛을 받을 수 있도록 해주세요. 물을 줄 때는 햇빛이 있는 창가에서 관리하는 경우보다 흙의 건조가 느릴 수 있으므로 지나치게 많이 주지 않도록 합니다. 집에 해가 드는 곳이 있다면 가끔씩은 햇빛을 볼 수 있도록 해주면 더 건강하게 키울 수 있습니다.

관리방법

빛 : 강한 햇빛을 피해 유리창을 한 번 통과한 햇빛이 드는 곳이 좋아요. 강한 빛에 오래 노출되면 잎의 끝이 마르고 화분속 수분이 빨리 사라져 줄기와 잎에 손상이 올 수 있어요.

물 : 겉의 흙이 바싹 마르면 흠뻑 줍니다. 조금씩 자주 주는 것보다 겉의 흙이 말랐을 때 흠뻑 주세요.

온도 : 겨울철 추위를 조심해주세요. 5도 이하의 온도에서는 잎과 줄기의 처짐 현상이 생길 수 있고 냉해를 입을 수 있어요.

커피열매

65. 커피나무(*Coffea arabica*)

다년생 쌍떡잎식물인 커피나무는 아열대 지방의 관목식물이에요. 커피나무는 세계적으로 40여종이 있는데 그 중에서 2대 원종으로 불리는 코페아 아라비카(Coffea Arabica)와 코페아 카네포라(Coffea Canephora)가 대표적이에요.
커피 음료는 커피나무 열매 속의 씨앗을 분리하고 건조시켜 볶아서 분쇄한 후 물에 녹는 성분만을 추출해 만든 것이에요. 커피나무 열매는 붉은 체리를 수확한 후 외피와 과육, 내피와 은피를 벗긴 '생두'만을 선별해 시장으로 유통시키는데 우리가 마시는 커피는 대부분 수입생두로 만든 것이에요.
한 잔의 커피가 나오기 위해서는 여러 과정이 필요한데요. 건강한 생두를 발아해 싹을 낸 후 뿌리가 나고 작은 나무가 자라 수확을 할 때까지 많은 과정이 있어요. 커피나무는 뜨거운 태양 아래서 자라는 것으로 생각하기 쉽지만 실제로는 시원한 바람이 부는 산의 사면이나 고원 등이며 적절한 강수량의 필요조건을 충족하는 곳이에요. 커피 재배가 이루어지는 곳으로, 적도를 낀 북위 25도~남위 25도 사이의 열대지방을 '커피벨트'라고 불러요. 보통 커피나무를 재배하기 가장 적합한 곳은 연평균 기온이 섭씨 22도 전후의 온난한 기후와 안정된 강수량이 있는 지역이에요. 토양은 약산성에 배수가 잘 되는 화산재 토양이 좋은데, 현재 세계에서 커피를 재배하는 나라는 약 60여 개국이며 커피의 맛은 생산지나 품종, 정제 방법 등에 따라서 달라요.

커피나무의 꽃봉오리

♣ 커피나무 이야기

: 작은나무에서 열매 수확까지

묘목 : 파종 후 40~50일 사이 발아

커피콩은 볶지 않은 생두를 선별해 묘판에서 씨앗을 뿌리고 난 후 40~50일 사이에 싹이 돋아요. 떡잎 위에 두 개의 잎이 마주보며 생기고, 6개월 정도 지나면 3~4쌍의 잎들이 층을 이루어 두 개씩 마주보면서 자라요. 시중에는 이 묘목이 많이 유통되고 있어요.

수목 : 3년 정도 자란 성목

성장한 묘목은 큰 화분이나 땅에 옮겨심어요. 그리고 잘 관리해서 3년이 되면 성목이 되어서 결실을 볼 수 있어요. 4년째부터는 수확량이 증가하며 관리가 잘 되는 나무는 20~30년 동안 수확할 수 있어요

개화 : 자스민 향이 나는 꽃

약 3~4년 정도 지나면 커피나무는 하얀 꽃을 피워요. 꽃은 송이가 작고 자스민향이 나는 것이 특징이며 2~3일 정도로 비교적 짧게 피어요. 개화기에는 농원 전체가 하얀꽃과 달콤한 향으로 가득해요. 아라비카종은 보통 1년에 꽃이 두 번 피므로 2회 수확이 가능하며 로부스타종은 꽃이 자주 피기 때문에 수확도 더 많아요.

결실 : 체리를 닮은 커피 열매

꽃이 진 후 녹색의 열매가 달려요. 보통 6~8개월이 지나면 열매는 더 커지고 녹색에서 붉은색으로 변해요. 색과 모양이 체리를 닮아서 '커피 체리'라고 부르기도 해요.

수확 : 한 알씩 손으로

성숙한 커피나무는 지역에 따른 차이는 있지만 보통 15년 이상 수확이 가능해요. 수확방법은 나라와 지역마다 차이가 있지만 한 알씩 손으로 수확하는 핸드피킹과 가지를 훑어서 수확하는 스트리핑이 있어요. 기계를 이용하기도 하지만 대부분의 산지에서는 요즘도 수작업 수확방식을 많이 사용하고 있어요

.

정제 : 주요 정제법

수확한 커피 열매는 내추럴과 펄프트 내추럴, 위시드와 세미위시드 등 네가지 방법이 있으며 건조는 자연 건조와 기계 건조 방식이 있어요.

집에서 나만의 커피나무 키우기

반짝거리는 초록색의 잎부터 기분좋은 커피나무는 사계절 초록을 볼 수 있은 상록성 관엽식물에, 열매까지 얻을 수 있는 관실식물로 장점이 많아요. 기호에 따른 차이는 있지만 커피를 좋아하는 사람이나 그렇지않은 경우도 집이나 직장 창가에서 한두 그루 키우면 가드닝의 즐거움이 배가 되는 식물이에요.

원예용 알비료깔때기
알갱이 비료를 넣고 화분에 꽂아서 물을 줄 때마다 조금씩 녹아내려서 식물에 영양분이 공급되는 용기예요. 물을 줄 때 비료의 유실을 방지하고, 용도가 다른 비료를 분리하여 관리할 수 있으며, 비료의 사용량을 조절 할 수 있는 장점이 있어요.

커피나무 모종 분갈이하기

시중에서 판매하는 작은 모종을 구입한 경우, 너무 늦지 않게 분갈이를 해주세요. 작은 연질화분에서 오래 키울 경우 영양의 부족과 물부족 등으로 인해 손상이 올 수도 있고 튼튼하게 오래 키우기 어려워요.

모종과 화분

모종 뽑기

흙넣기

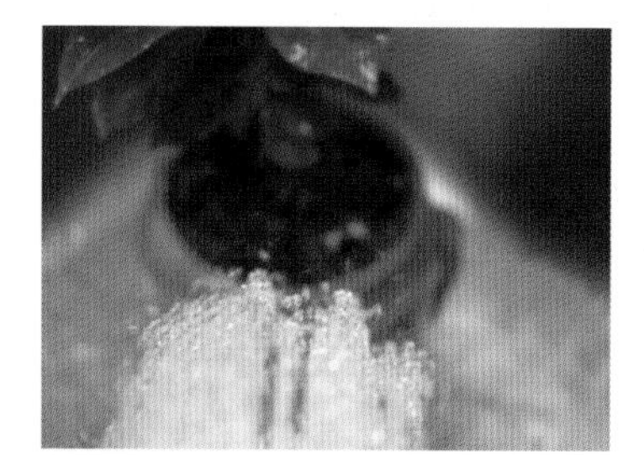

물주기

분갈이 후

● 관리방법 ●

빛 : 밝은 햇빛을 좋아합니다. 햇빛이 좋은 곳에서 키워야 잎이 건강하고 성장기에 새잎도 많이 납니다.

물 : 겉흙이 마르면 흙에 흠뻑 줍니다. 물이 부족하면 잎이 마르며 처지는 증상이 생길 수 있어요. 너무 건조하게 키우면 새잎도 적게 나고 성장이 느려요.

분갈이 : 커피나무는 지속적인 성장을 하는 상록성 나무예요. 잘 자란다면 1~2년에 한 번씩 분갈이를 하고, 화분도 너무 딱맞는 것보다 넉넉한 곳에서 흙의 영양과 수분 등이 부족하지않게 합니다. 시기에 맞는 분갈이가 이루어지지 않는 경우 커피나무의 성장은 더디며 아울러 꽃이 피거나 열매를 기대하기는 어려울 수가 있어요.

꽃과 열매 : 환경에 따른 차이는 있지만 4~5년 이상 잘 자라는 경우, 햇빛이 좋은 곳에서 꽃을 보고 나중에 열매도 함께 볼 수 있어요.

온도 : 더운지역 식물이에요. 한겨울 추위를 조심해야 합니다. 야외 월동은 어려우며 집 베란다에서 키운다면 온도가 5도 이상 내려갈 때는 실내로 들입니다.

영양 : 커피나무가 해를 거듭하며 잘 성장하면 거기에 맞는 영양을 주면 좋아요. 하지만 구입 후 1~2년은 잎을 건강하게 키우는 것에 집중을 합니다.

궁금해요! 알려주세요

Q. 시중에 판매되는 커피나무를 집에서 키워도 꽃과 열매를 볼 수 있을까요? 중요하게 알아야 하는 부분은 무엇인가요?

A. 집에서 화분에 심어서 키우는 커피나무에서도 꽃과 열매를 볼 수 있어요. 시중에 판매되는 커피나무 모종도 잘 영근 커피나무 열매를 발아해서 키운 커피나무로 아라비카 품종이 많아요. 잘 관리해서 문제없이 성장을 하는 경우에는 꽃과 열매를 볼 수 있어요. 더운지역 식물이라는 점을 고려해 추위를 조심하고 화분 흙이 너무 건조하지 않게 해주세요. 커피나무를 키운다면 햇빛과 물이 충분하도록 한 후, 잘 자란다면 1~2년에 한 번씩은 더 큰 화분으로 옮겨서 커피나무에 영양분이 충분하도록 해주세요. 작은 화분에서 분갈이 없이 오래 키운다면 성장이 더디고 꽃과 열매를 보는데 지장이 있어요.

Q. 효과적으로 물을 주는 방법이 있나요? 커피나무를 두 번이나 키웠는데 모두 실패했어요. 구입한 곳에 물어보니 모두 물이 부족해서 잎도 줄기도 마른 것이었어요. 겉의 흙이 마르면 주라고 해서 그렇게 했는데요. 저는 물을 주는 것이 어려운데 올바른 물주기 방법이 궁금해요.

A. 커피나무를 키우면서 가장 많이 실패하는 원인 중 하나가 바로 물주기의 잘못된 방법으로 인한 경우예요. 즉 커피나무가 어느 시기에 수분공급을 적절히 받지 못해서 줄기와 잎에 손상이 오고 결국에 전체적으로 회복이 어려운 것인데요. 우선 커피나무는 과습보다 건조를 조심해야 한다는 것을 꼭 알아주세요. 그렇다고 물만 매일 많이 주라는 뜻은 아니에요. 햇빛과 통풍이 좋은 베란다 같은 곳에 잘 두고, 화분도 커피나무의 부피에 맞는 것을 선택했다면 그 다음 과정이 올바른 물주기의 실천이에요. 커피나무는 이름처럼 풀과의 식물이 아닌 목본류로 가지에 리그닌을 포함하고 있어요. 그렇기 때문에 물이 조금 많다고해도 어느정도 조절이 돼요. 화분의 흙이 너무 마를때까지 기다리고 수시로 관찰하는 것보다 화분 크기와 장소, 나무 부피를 고려해서 정기적으로 물을 주는 것이 좋아요. 만약 화분 겉의 흙 상태를 확인후 말랐을 때 주는 방법을 지속적으로 활용한다면 자칫 물부족이 올 수 있어요. 커피나무를 잠깐 키우는 것이 아니라 오랫동안 키워야하는데 매번 물을 줄 때마다 눈으로 관찰을 하는 방법은 잠시 놓치면 건조한 상태가 돼요. 커피나무를 키우는 환경이 햇빛이 밝게 비치고 통풍도 좋은 곳이라면 2~3일에 한 번은 정기적으로 물을 주세요. 커피나무는 일반적인 나무보다 중심가지가 가늘고 맨 위의 잎은 무성하게 많은 특성이 있어요. 그로인해 줄기가 저장하는 수분의 양은 적어요. 그렇기 때문에 줄기와 잎의 손상을 막고 건강하게 키우려면 충분히 물을 주세요. 물을 줄 때는 조금씩 자주 주는 것보다 한 번 줄 때 바닥으로 물이 흘러나올 정도로 흠뻑 주세요. 제가 키우는 커피나무는 3년생인데 베란다에서 사계절 키우면서 2일에 한 번 흠뻑 줍니다. 자칫 물이 많을까, 하는 걱정보다는 물이 부족한 것을 걱정해주세요. 평소에 줄기와 잎에 수분이 꽉 차서 건강한 상태를 유지해야 바빠서 신경을 며칠 못 쓸때도 문제없이 견딜 수 있어요.

새잎이 나는 모습

맨 아래쪽의 마른 잎

66. 호랑가시나무(*Ilex cornuta*)

♣ 향기로운 꽃과 아름다운 열매

동서양을 막론하고 좋은 나무로 여기는 것은 많지만 그 중에서도 호랑가시나무를 빼놓을 수 없어요. 호랑가시나무의 잎은 광택이 있는 타원형으로 각이 있으며, 각진 잎의 가장자리는 가시처럼 날카로워요. 서양에서는 잎과 함께 붉은색으로 익은 호랑가시나무 열매가 예수의 가시관과 피를 연상시켜서 크리스마스의 장식물로도 많이 사용해서 '트리나무'라고도 불러요. 호랑가시나무는 이전부터 북유럽 신화에서 나쁜 기운을 쫓아내는 성스러운 존재로 주목받았고, 영화 해리포터 주인공의 지팡이도 호랑가시나무로 만들었다고 해요. 우리나라에서도 오래전부터 나쁜 일을 막아주고 좋은 기운을 주는 나무로 여겼어요. 불우이웃돕기의 상징인 사랑의 열매도 이 호랑가시나무 열매예요.

호랑가시나무는 감탕나무과에 속하는 상록성 관목식물이에요. '묘아자나무'라고 부르기도 하는데 그 이름에 대한 설은 다양해요. 잎의 모양이 호랑이 발톱을 닮았다고 해서 호랑가시라고 불린다고도 하고, 호랑이가 등이 가려울 때 큰 몸집을 호랑가시나무 잎에 대고 긁었다고 붙은 이름이라는 설이 있어요. 그래서 '호랑이등긁개나무'라는 별칭도 갖고 있어요.

호랑가시나무 열매

♣ 보호수로의 가치

우리나라에는 호랑가시나무를 기념하고 보호하는 지역이 많아요. 그 중에 나주 상방리 호랑가시나무는 천연기념물 516호로 지정되어 있어요. 이곳의 호랑가시나무는 높이가 6m에 가깝고 지면에 가까운 나무의 둘레가 1.7m가 넘어요.

전북 부안 도청리의 호랑가시나무 군락은 천연기념물 122호로 지정해서 보호고 있어요. 해안가의 경사진 곳에서 바다를 바라보듯이 자라는 호랑가시나무는 50여 그루의 군락으로 키가 2~3m 정도예요. 이곳에서 자라는 호랑가시나무는 열매를 맺는 나무를 찾기 어려운데 수나무로 추정해요.

광주광역시의 양림동 호랑가시나무는 광주광역시기념물 17호로 지정되어 있어요. 이곳에 있는 나무는 해마다 열매가 많이 달리고, 붉게 익어서 사람들의 눈을 즐겁게 해요.

충남 태안에 있는 천리포수목원은 대표 수종이 호랑가시나무예요. 수목원 설립자가 잎의 모양새가 개성있고 사시사철 꽃과 열매로 아름다움을 느낄 수 있어서 호랑가시나무를 특별히 좋아한 것이 그 이유라고 해요. 호랑가시나무는 해양성 기후에서 잘 자라는 나무라서 바닷가에 위치한 천리포에서 잘 자라는 수종이에요. 이곳에는 한국의 자생 호랑가시나무를 하나 발견해서 국제학회로부터 공인을 받았는데, 바로 완도호랑가시나무예요. 완도호랑가시나무는 감탕나무와 호랑가시나무의 자연교잡종으로 우리나라의 자생종이지만 이제는 세계 어느 식물원에서나 볼 수 있는 보편적이 식물이 됐어요.

호랑가시나무 꽃

호랑가시나무는 야외 정원이 있는 곳이라면 해가 잘 드는 곳에 식재하면 좋아요. 사계절 개성있는 잎을 보며 꽃과 열매까지 감상할 수 있어서 정원수로도 좋아요. 호랑가시나무의 품종도 워낙 다양해서 야외 정원용이라면 품종을 작게 개량한 분재용보다는 2~3m이상 크게 자라는 것이 좋아요. 반면 집 베란다 등 실내에서 키운다면 너무 큰 품종보다 개량된 작은나무를 선택하면 됩니다.

호랑가시나무 분갈이

호랑가시나무는 사계절, 진한 초록빛깔의 잎을 볼 수가 있어요. 그렇기 때문에 나무 부피에 맞는 적절한 분갈이가 필요해요. 분갈이를 할 때는 일반분갈이용흙에 마사를 조금 섞어요. 마사가 식물의 성장에 나쁜 것은 아니지만 지나치게 많이 섞으면 물을 줬을 때 화분에 남는 수분이 적어서 나무에 물부족이 올 수 있기 때문이에요.(비율은 분갈이용흙 80%, 마사 20% 정도가 적당해요) 분갈이를 할 때 나무가 기존의 화분에서 잘 빠지지 않을 경우 원예용 망치를 이용해 화분 표면을 약하게 여러 번 두드리면 빼기가 수월합니다.

식물 분갈이를 할 때 유용한 용품(모종삽, 알비료, 원예용망치, 가위, 핀셋 등)

관리방법

빛 : 밝은 햇빛을 좋아해요. 해가 좋은 곳에 놓고 키워야 잎이 건강하고 꽃과 열매도 볼 수가 있어요.

물 : 겉의 흙이 마르면 아주 흠뻑 많이 줍니다. 조금씩 자주 주는 것보다 계절과 화분크기, 나무부피 등을 고려해서 한 번 줄 때 화분 배수구로 흘러나오도록 줍니다. 호랑가시나무를 너무 건조하게 키우면 잔가지가 마르고 잎도 말라서 손상이 옵니다. 또 건조한 상태가 오래갈 때는 진딧물이 잎과 줄기사이에 생길 수도 있어요. 줄기에 진딧물이 생겼다면 약을 사용하기 전에 물을 흠뻑 준 후, 면봉으로 진딧물을 꼼꼼하게 제거합니다. 그리고 햇빛이 좋은 곳에 두고 며칠 간 살펴보며 남은 진딧물은 다시 제거를 합니다. 약을 사용하면 진딧물은 일시적으로 제거할 수 있지만 많은 양을 사용해야 하고 그로 인해 나무도 손상을 입을 수 있기 때문이에요.

가지치기 : 꽃과 열매가 떨어진 후에 돌출된 가지를 잘라주면 적절한 부피와 개성있는 수형을 유지할 수 있어요.

궁금해요! 알려주세요

Q. 베란다에서 5년 정도 키우고 있는 호랑가시나무가 두 그루예요. 한 그루는 잎은 건강하지만 꽃이 피지 않고 다른 한 그루는 꽃은 피지만 열매가 달리지 않아요. 꽃과 함께 붉은 열매까지 풍성하게 볼 수 있는 방법은 무엇인가요?

A. 호랑가시나무는 암수딴그루로 품종이 다양해요. 많은 품종이 꽃이 피고 열매가 달리지만 수나무의 경우에는 열매가 달리지 않아요. 키우고 있는 품종이 암나무로 꽃은 풍성하게 피는데 열매는 달리지 않는다면 햇빛의 양이 부족한 것으로 볼 수가 있어요. 꽃이 진 후 그 자리에 열매가 달리기 위해서는 아주 많은 양의 햇빛이 필요해요. 암나무라면 햇빛이 열매가 달릴 정도의 충분한 양이 아닌 것으로 볼 수 있어요. 햇빛이 더 좋은 곳이 있다면 그곳으로 장소를 옮기고, 꽃이 진 후에도 물이 부족하지 않도록 화분에 충분한 양의 물을 줍니다.

Q. 호랑가시나무의 수형을 멋지게 만들고 싶어요. 지금 키우고 있는 호랑가시나무는 전체적으로 잔 가지가 많아요. 외목 형태로 멋진 수형을 만들 수 있는 방법을 알려주세요.

A. 호랑가시나무를 화분에 식재해서 키운다면 적절한 부피와 수형을 유지하기 위해서 가지치기가 필요해요. 가지치기는 나무의 나이와 키, 부피 등에 따라서 차이가 있지만 한 번에 많은 양을 자르지 않는 것이 좋아요. 나무가 비교적 어린 경우는 뿌리에서 가까운 가지를 먼저 1~2개 정도 잘라주세요. 다시 1년 정도를 더 키운 후에 성장을 살펴보고 문제없이 키가 크고, 나무가 굵어진 경우라면 중점적으로 키울 가지를 제외하고 잔가지를 잘라줍니다. 꽃과 열매가 있는 경우에는 가지치기를 하지 않거나 불필요하다고 보이는 잔가지만 일부 잘라줍니다.

호랑가시나무와 이끼

가지치기로 수형만들기

the herb Garden

Part 3

사계절이 매일매일 행복한 식물 단짝

어릴 때는 함께 등교를 하고 밥을 먹는 단짝 친구가 그 어떤 존재보다 중요해요.
학년이 올라가고 단짝 친구와 같은 반이 되면 팔짝팔짝 뛰며, 날 수도 있을 것처럼 행복하지만
그렇지 못할 때는 세상의 모든 것이 의미가 없고 머릿속까지 슬픔으로 꽉 찬 것 같아요.
사춘기 중,고등학교 시절도 크게 다르지 않아요.
하지만 그 중요한 시간들은 어느새 조금씩 사라지고
직장을 다니고 사회의 구성원이 되면서부터는 집에서 혼자 있는 시간이 편안해져요.
더 이상 새로운 친구가 없어도, 그 친구와 매일 함께 하는 생활이 아니어도 살아집니다.
이제 함께 손잡고 학교 운동장을 뛸 친구는 없지만
곁에서 말없이 함께 하는 또다른 단짝이 생겼습니다.

1. 녹색이네 정원

몇 시간째 꼼짝없이 앉아 도자기에 그림을 그리는 깊은 밤, 그 옆에는 풍산개 녹색이가 함께 있어요. 기다림 같기도 하고 곁에서 그 여유를 함께 즐기는 것도 같아요. 퇴근 후 밤이 깊도록 그림에 집중하다가 잠시 눈을 붙이고 맞이한 아침은 작은 정원에서 시작해요. 사계절 달라지는 자연의 그림 속에서 초록의 여유를 즐기는 이화선씨와 식물모델 녹색이가 있는 야외 정원은 다양한 식물들이 사계절을 보내고 있어요.

"제게 녹색이는 '선물'입니다. 식물과 더불어 동물에 대한 사랑이 넘치셨던 엄마의 선물이에요. 녹색이가 태어난 날이 엄마가 떠나신 날이기도 해서 더욱 그렇습니다. 식물에 관심도 없던 제가 식물을 열심히 돌보고 키우게 된 것도, 식물을 돋보이게 하기 위해 토분을 고르고 장식물 등을 꼼지락거리며 만들게 된 것도 항상 곁에서 함께 하는 녹색이가 있기 때문이니까요.
이렇게 사랑스런 눈을 가진, 가드닝을 함께 할 수 있는 강아지가 세상에 또 있을까요?
녹색이와 기차, 우리는 이제 꼭 함께 해야 하는 존재가 되었답니다."

네이버 블로그 : kicha가 부르는 노래, 이화선

아침이면 집 뒷마당의 작은 정원에서 풍산개 녹색이와 함께 하루가 시작됩니다. 다양한 침엽수와 상록수, 꽃식물들과 눈 인사를 하고, 물을 주는 것이 출근 전 중요한 일이에요. 녹색이도 식물이 주는 초록을 기운을 느끼고 꽃향기를 맡으며 작은 정원을 산책합니다.

2. 늘봄 야생화

늘봄야생화 정혜정
대전시 유성구 한밭대로 267

식물을 좋아하지만 이사를 자주 다녀야하는 상황이라면 어쩔 수 없이 포기하게 되는 것들이 생겨요. 좋아하는 화분 하나를 구입하고 싶어도 이동에 대한 부담감으로 멈칫거리게 되고, 마음과 달리 식물과 가까운 생활을 하기 어려울 때가 있어요. 늘봄야생화 대표 정혜정씨는 개인적인 사정으로 이사를 자주 다니는 생활을 했지만 식물에 대한 사랑은 포기할 수가 없었다고 해요. 잦은 이사로 식물과 함께 하는 생활에는 한계가 있어도 유료키핑장을 이용하며 식물에 대한 사랑을 멈추지 않았어요. 결국 그 사랑과 관심은 야생화를 전문으로 하는 화원을 열고 새로운 직업을 갖는 기회를 만들어 주었어요.

이곳에는 야생화는 물론 분재와 관엽, 상록수, 꽃식물 등 다양한 식물이 보는 즐거움까지 더하고 있어요

예쁜 강아지, 복실이

3. 카페, 목연

대전광역시 동구 새울로 109번길 20
월요일~토요일 10:30~21:00
일요일 12:00~21:00

기분 좋은 나무향을 가득 머금은 수제가구들의 전시까지 볼 수 있는 갤러리카페 목연은 근처 대학생과 마을 사람들의 아지트 같은 곳이에요. 카페 안에 흐르는 커피 향기를 맡으며 원하는 곳에 자리 잡고 앉아 책을 읽을 때 더 아늑한 공간이 되는 이곳은 원래 나무공방이었어요. 낡고 오래된 주택이 부지런하고 솜씨 좋은 두 주인을 만나고, 그들의 땀과 노력으로 만들어진 소중한 공간에 처음 생긴 건 나무공방이었어요. 하지만 나무작업실을 조금 더 넓은 곳으로 옮기고 이곳은 가구를 전시하고 커피향기와 식물이 있는 카페가 되었어요. 나무로 이어지는 인연, 목연에는 나무와 카페에 진심인 두 사람과 인연이 된 수많이 사람들이 방문하며 인연을 만들어 가는 곳입니다.

오늘도 근처의 대학생들과 주변의 주민들까지 다양한 연령층이 카페를 찾아 커피를 마시고, 때로 책을 읽으며 잠시 쉼표를 찍습니다.

카페 내부의 탁자와 의자 등 모든 가구는 이곳에서 직접 만든 작품들이에요.

요즘은 워낙 다양한 카페가 있지만 개성있는 인테리어와 감성까지 더한 동네 카페는 왠지 더 정감이 간다고 하는 사람들이 많아요. 이곳은 멋진 가구와 아기자기한 소품이 감성까지 더합니다.

4. 오월의 푸른 하늘

경기도 이천시 마장면 덕평로 877번길 16
이용 : 화요일~일요일 10:30~ 21:00

사람마다 기분좋은 공간을 손꼽으라고 한다면 개인의 취미나 취향에 따라 저마다 다른 곳을 이야기 할거예요. 하지만 서점은 나이나 취미 등을 떠나 많은 사람들이 좋아하는 곳이에요.

복잡한 도심을 벗어난 한적한 곳에 위치한 책방, 오월의 푸른하늘은 하루쯤 나와 연결된 모든 것들에서 벗어나 책과 자연과 함께 할 수 있는 곳이에요. 일반적인 서점과 달리 이곳은 아담한 마당이 있는 오래된 한옥을 개조해서 만든 공간으로 서점의 공간과 독서, 휴식, 소모임 등 다양한 기능을 하고 있어요.

경기도 이천 마장면 한적한 곳에 있는 이 책방은 모두 네 곳으로 운영되고 있어요. '오월의 푸른하늘 본점', '즐거운 헌책방', '독립책방 홀로서기', '어학당'이에요. 본점에서는 인문학 서적과 그림책을 만날 수 있고, 조금 떨어진 헌책방은 다양한 분야의 중고책과 만화책, 보드게임 등을 취향에 맞게 즐길 수 있는 편안한 공간이에요. 독립책방 홀로서기에는 에세이와 소설, 그리고 독립서적들이 자리하고 있으며, 어학당에서는 여러 외국서적을 만날 수 있어요. 이렇게 다양한 공간으로 분할되어 이용하는 사람들의 취향까지 존중하고 있어요.그래서 오월의 푸른하늘은 어린이부터 청소년과 다양한 세대로부터 사랑받고 있어요.

책방지기는 이곳에 놓여 있는 모든 책을 손님에게 설명할 수 있는 책방을 운영하고 싶다고 이야기 합니다. 그래서 다양한 책을 접하며, 좋은 책을 소개해 줄 수 있는 사람이 되고 싶다는 바람으로 매일 책을 읽으며 저곳을 지키고 있어요.

이곳은 책과 함께 하룻밤을 보낼 수 있는 북스테이도 운영중이에요. 주변의 자연과 더불어 책이 가득한 공간에서 짧지만 특별한 여행을 즐길 수도 있어요.

Part 4

하루쯤, 수목원과 식물원 여행

언제부터인가, 우리는 가까운 사람에게 전화를 거는 일도
만나자는 약속을 하는 것도 멈칫거리게 될 때가 있어요.
상대에게 때로 부담을 주는 것은 아닌지, 목소리를 듣는 일이,
얼굴을 마주하고 싶은 마음이 부담이 되는 것은 아닌지 걱정을 하게 돼요.
우리 생활이 더 편리해지고, 바쁘게 살아갈수록
고립의 느낌이 들 때는 기분이 우울해져요.
하지만 그런 걱정과 달리 언제나 그 자리에서 모두를 반겨주는 곳이 있어요.
바로 수목원과 식물이 있는 정원이에요.
그곳에는 나무와 꽃이, 바람이, 산새를 비롯한 크고 작은 동물들이
우리를 기다리고 있어요. 아무 조건없이 우리를 반겨주는 그곳으로
하루쯤, 여행을 떠나는 것도 좋은 날들입니다.
때로 혼자여도 좋은 사람과 같이 가도 마음의 위안과 쉼이 되는 곳으로 떠나요.

전남 구례군 산동면 탑동1길 125
매일 09:00~18:00
입장료 : 2,000원(성인기준)
061-783-0599
http://ecopark.gurye.go.kr

전남 구례군 산동면에 위치한 구례수목원은 2020년 3월 1일에 전라남도 공립수목원 제1호로 지정되었으며 2021년 5월 15일에 새롭게 개관했어요. 지리산과 가까운 그곳은 힐링숲속 정원으로 아름답게 조성된 봄향기원, 겨울정원, 그늘정원, 외국화목원, 기후변화테마원, 자생식물원, 계류생태원 등 13개의 주제정원과 방문자 안내소, 전시온실 및 종자학습관 등이 자리하고 있으며, 다양한 자생나무들과 꽃들로 사계절이 한층 더 돋보이는 이색적인 공간으로 많은 사람들을 맞이하고 있어요.

지리산 구례수목원에는 지금까지 1,148종 13만본의 식물을 식재 하였으며, 지속적으로 지리산권과 남부내륙의 식물 유전자원을 수집·보전하고 있어요. 특히, 목련 39종, 수국 93종, 비비추69종, 붓꽃 39종, 단풍나무 13종, 층층나무 12종 등이 구례수목원 내 특화식물로 식재되어 지리산 야생화와 어우러진 이색적인 풍취를 자아내고 있어 산책의 즐거움을 더해주고 있어요.

구례수목원 내 계절식물로는, 1월과 2월 사이에 납매, 풍년화, 애기동백나무가 추운겨울을 이겨내고 봄을 알리며, 3월과 4월에는 삼지닥나무, 철쭉, 진달래, 수선화, 히어리, 무스카리가 수수한 봄꽃으로 만발하고, 5월과 6월에는 붓꽃, 작약, 매발톱꽃, 황금회화 등이 주를 이루고 있어요. 형형색색 아름다운 자태를 뽐내는 수국은 6월 중순부터 피기 시작하여 7월말까지 여름꽃으로 그윽한 향기를 내뿜고, 8월에는 무궁화, 삼색병꽃, 벌개미취, 애기범부채, 리아트리스가 화려하게 수를 놓으며, 10월과 11월에는 단풍나무, 서어나무, 층꽃나무, 감국이 가을을 장식합니다.

7월에 가장 아름답고 풍성한 꽃을 볼 수 있는 수국은 구례수목원의 여름정원을 더욱 아름답게 합니다. 해마다 차이는 있지만 보통 7월 중순부터 수천 송이 이상의 수국정원에서 꽃을 보는 즐거움을 느낄 수 있어요.

2. 한국도로공사 전주수목원

전북 전주시 덕진구 번영로 462-45
매일 09:00~19:00 하절기(3.15~9.15)
입장료 : 무료
063-714-7200
www.ex.co.kr/arboretum

전주톨게이트에서 가까운 곳에 위치한 한국도로공사수목원은 1974년 한국도로공사에서 묘목을 기르는 묘포장으로 출발했어요. 이후 1983년부터 수목원과 자연학습장으로 개발하여 일반인 관람객을 받기 시작했어요. 이후 1995년 8월 명칭을 전주수목원으로 바꿨으며, 2007년 9월 지금의 한국도로공사수목원으로 이름을 변경했어요. 도심에서 가까운 넓은 수목원은 약초원, 암석원, 남부 수종원, 죽림원, 잡초원, 무궁화원, 장미원, 염료 식물원, 일반 식물원 등 9개의 전문 수목원으로 구성되어 있으며 목본류 1,021종과 초본류 990종 등 총 178과 3,010종을 보유하고 있어서 사계절 다른 수목원의 풍경으로 시민은 물론 관광객들에게 초록의 휴식을 주는 곳이에요.

♣ 내 손안의 전주수목원

휴대폰으로 QR코드를 인식하면 수목원의 아름다운 모습과 다양한 식물들의 이야기를 실감나는 360°VR 영상으로 담은 셀프해설 콘텐츠를 제공받을 수 있어요. 멸종위기 식물들, 수목원의 사계절, 가을비행, 곤충 눈높이 체험 등 몰입도 높은 스토리텔링과 함께 눈앞에 펼쳐지는 실감나는 영상을 보며 자연스럽게 생태학습과 체험도 할 수 있습니다. 언제든, 어디서든, 어느계절이든 상관없이 내가 원하는 모습의 수목원과 함께 할 수 있도록 손 안에 한국도로공사 전주수목원을 만날 수 있어요.

♣ 전주수목원의 다양한 행사

봄바람 페스티벌 : 매년 4월 아름다운 꽃이 만발한 수목원의 봄풍경과 함께 「봄바람 페스티벌」이 찾아옵니다. 축제 기간 중에는 숲속음악회, 전시회, 체험 프로그램 등 다양한 볼거리와 문화행사를 즐길 수 있습니다.

- 정원박람회 : 생활 속 정원문화를 확산하고 고속도로 환경을 개선하기 위해 매년 가을 정원박람회를 개최합니다. 대국민 공모를 통해 선정된 정원 작품들은 참가자들이 직접 시공하고 전시합니다. 박람회 기간에는 정원과 함께하는 다양한 문화 공연 및 체험행사를 즐길 수 있습니다.

- 수목원을 빌려드립니다, 프로젝트 : 방문객들에게 보다 다양한 볼거리를 제공하고, 지역문화 예술을 활성화하기 위하여 교육홍보관, 야외공연장 등의 인프라를 무료로 제공하고, 시민들은 이를 활용하여 비영리 목적의 다양한 문화·예술·체험 행사를 기획하고, 개최할 수 있습니다.

♣ 장미의 뜨락

전주의 한옥과 장미꽃의 아름다움이 어우러지는 모습은 매년 5월이면 장미의 뜨락에서 볼 수 있어요.

3. 국립백두대간 수목원

경북 봉화군 춘양면 서벽리 1218
매주 화요일~일요일 하절기(3월~10월) : 09:00 ~ 18:00
동절기(11월~2월) 09:00 ~ 17:00
휴관일 : 월요일, 1월 1일, 설, 추석 당일
(월요일이 공휴일인 경우 그 다음날 휴관)
입장료 : 5,000원(성인기준)
054-679-0840
www.bdna.or.kr

백두산부터 지리산까지 1,400km를 잇는 백두대간에는 우리나라에 자생하는 식물의 33%가 서식하고 있어요. 영주와 풍기IC를 지나고 봉화군 36번국도와 춘양면 88번 국도를 지나면 조금씩 가파른 산길을 지나 숨은 듯 자리한 수목원과 마주할 수 있어요. 이곳에 자리잡은 아시아 최대규모의 국립백두대간수목원은 백두대간 산림생태계의 보전과 복원, 휴양과 관광, 지식과 경험 등 다양한 즐거움을 느낄 수 있는 곳이에요.

국립백두대간수목원은 생태탐방지구와 중점조성지구로 대규모 자연친화공간으로 파노라마처럼 펼쳐진 39개의 전시원에 구상나무와 모데미풀, 설앵초 등을 비롯한 다양한 희귀특산식물과 월귤, 한계령풀, 만병초와 같은 고산식물을 볼 수 있어요.

♣ 백두산 호랑이와 호랑이숲

우리나라 조상들에게 호랑이는 때로 두려움의 대상이면서 한편으로는 경외 받는 동물이었어요. 그래서 호랑이를 '산군' 즉, 숲의 주인이라 칭하며 숭배해왔어요. 이렇게 우리는 먼 옛날부터 호랑이에 대한 큰 관심을 이어나가 88올림픽에서는 국민응모 1위로 호랑이가 선정되어 올림픽 마스코트가 되었고, "한반도의 모양은 호랑이가 포효하는 모습이다", "국민성이 호랑이의 기상을 닮았다"라는 말이 있을 정도로 우리의 생활 곳곳에서 사랑받는 호랑이를 볼 수 있습니다.

백두대간수목원의 가장 인기는 바로 백두산호랑이와 호랑이숲이라고 할 수 있어요. 우리 땅에서 사라진지 100년 된 멸종위기종 백두산호랑이의 종 보전과 백두산호랑이의 야생성을 지키기 위해서 자연서식지와 유사한 환경을 조성해 체계적인 관리와 지속적인 연구가 이루어지는 곳이에요.

뿐만 아니라 후손들의 미래를 지키는 세계유일 야생식물종자 지하터널형 영구저장시설인 시드볼트(Seed Vault)와 백두대간을 보전하고 야생식물과 종자를 연구하기 위한 연구소는 물론 지역민과 관광객을 위한 다양한 꽃 축제 한마당인 '봉자페스티벌'과 39곳의 꽃내음 가득한 주제 전시원은 숲속에서의 특별한 시간을 선사합니다.

♣ 수목원의 호랑이와 트램열차

백두대간 호랑이를 귀여운 캐릭터로 만든 트램을 타고 입구에서 가까운 트램출발역에서 승차권을 구입한 후 단풍식물원역까지 약2.5km를 이용하며 자연속에서 색다른 기분을 느낄 수 있어요.

생태탐방지구에는 파노라마처럼 펼쳐진 전시원에 다양한 희귀특산물과 만병초와 같은 고산식물을 볼 수도 있어요.

제주특별자치도 서귀포시 안덕면 병악로 166
개장시간 : 하절기(6월~8월) 08:30~19:00(입장마감 18:00)
/ 동절기(12월~2월) 08:30~18:00(입장마감 17:00)
연중무휴 운영
입장료 : 10,000원(일반성인 기준)

카멜리아 힐은 제주의 자연을 담은, 동양에서 가장 큰 동백수목원이에요. 6만여 평의 부지에는 가을부터 봄까지 서로 다른 시기에 피는 80개국의 동백나무 500여 품종 600여 그루가 있습니다. 이곳은 봄부터 여름까지 동백과 여러 식물이 울창한 숲을 이루다가 더위가 지나가고 기분좋은 공기를 머금은 가을바람이 불면 꽃이 피기시작해요. 이때는 매혹적인 동백의 향기에 동백꽃길을 따라 많은 사람들의 발길이 이곳을 향해요.
뿐만 아니라 제주자생식물 250여종을 비롯해 모양과 색, 향기가 다른 꽃들이 동백과 어우러져 사계절 아름다운 풍경을 연출합니다. '사랑과 치유의 숲'이라는 말이 어색하지 않은 카멜리아 힐입니다.

카멜리아 힐의 겨울은 사계절 중 가장 아름다운 시간으로 손꼽힙니다. 하얗고 붉은 수십 여종의 아시아와 유럽동백이 꽃을 피우며 절정으로 아름답기 때문이에요.
동백꽃이 지면서 만들어진 꽃길은 차가운 겨울날 특별한 감성을 선물합니다.

유럽 동백숲에는 유럽각국에서 들여온 100여 종의 동백이 식재되어있습니다. 잎이 작기로 유명한 영국 동백과 더불어 꽃송이가 접시보다 더 큰 동백, 그리고 한 그루의 나무에서 세 가지 색깔의 꽃이 피는 다채로운 동백 꽃들이 늦가을부터 봄까지 피고 지며 겨울 꽃의 여왕으로 불리며 동백 감상의 즐거움을 더해줍니다.

동백꽃은 유럽에서 '아름다움'과 '행운'을 상징하는 꽃이라고 합니다.

카멜리아 힐은 동백 뿐만 아니라 다양한 식물이 사계절을 함께 해요. 봄이면 튤립과 수선화 등 많은 구근식물의 꽃과 철쭉이 꽃동산을 이룹니다. 여름은 동백이 꽃봉오리를 만들기 위해 부지런히 성장하며 내뿜는 초록빛 에너지가 동백숲에 가득하고, 가을 정원은 새로운 분위기를 연출하며 많은 사람들을 설레게 합니다.

가을정원

5. 부여 궁남지

충남 부여읍 궁남로 27
상시무료개방

궁남지는 우리나라에 현존하는 가장 오래된 인공정원으로 서동과 선화공주의 사랑이야기인 서동요 전설이 깃든 곳으로 사계절이 아름다운 생태정원이에요.

『삼국사기』의 기록에는 "백제 무왕 35년(634) 궁의 남쪽에 못을 파 20여리 밖에서 물을 끌어다가 채우고, 주위에 버드나무를 심었으며, 못 가운데는 섬을 만들었는데 방장선산(方丈仙山)을 상징한 것"이라는 기록이 있어요. 이런 자료를 통해 이곳은 백제 무왕 때 만든 궁의 정원이었음을 알 수 있어요. 연못의 동쪽 언덕에서 백제 때의 기단석과 초석, 기와조각, 그릇조각 등이 출토되어 근처에 이궁(離宮)이 있었을 것으로 추측할 수 있어요.

부근에는 대리석을 3단으로 쌓아올린 팔각형의 우물이 있는데, 지금도 음수로 사용되고 있어요. 이 궁남지는 백제 무왕(武王)의 출생설화와도 관계가 있어요. 무왕의 부왕인 법왕(法王)의 시녀였던 여인이 못가에서 홀로 살다 용신과 통하여 아들을 얻었는데, 그 아이가 신라 진평왕의 셋째딸인 선화공주와 결혼한 서동(薯童)이며, 아들이 없던 법왕의 뒤를 이은 무왕이 바로 이 서동이라는 것이에요. 이러한 설화는 이곳이 별궁터였고 궁남지가 백제 왕과 깊은 관계가 있는 별궁의 연못이었음을 추측하게 하는 곳이에요. 백제의 정원을 연구하는 데 중요한 자료가 됩니다. 한편, 《일본서기(日本書紀)》에는 궁남지의 조경 기술이 일본에 건너가 일본 조경의 원류가 되었다고 전하고 있는 곳이에요. 당시 백제가 삼국 중에서도 정원을 꾸미는 기술이 뛰어났음을 알 수 있는 부분이죠.

궁남지는 사계절이 아름다운 곳이에요. 7~8월에는 천만송이 연꽃들의 아름다운 향연인 서동연꽃축제가 열리고, 10~11월에는 다양한 작품으로 꾸며진 굿뜨래 국화전시회가 열려 궁남지의 아름다움을 더해줍니다.

찾아보기

참고문헌 및 함께 보면 좋은도서

APG나무도감, 윤주복, 진선출판사, 2016

APG풀도감, 윤주복, 진선출판사, 2017

관엽식물 가이드 155, 와타나베 시토시, 그린홈, 2012

꽃보다 아름다운 잎, 권순식 외, 한숲, 2016

나만의 식물 인테리어 데코플랜츠, 가와모토 사토시, 미디어 샘, 2015

낯설지만 매혹적인 다육식물, 괴근식물, 켄 요코마치, 북커스, 2019

내 책상 위의 반려식물 테라리움, style조선, 2018

다육식물 디자인, 도카이로, 한스미디어, 2017, 2014

다육식물 인테리어, 학습연구사, 옥당, 2013

메디컬허브백과: 내몸을 살리는 치유식물, 데이비드 키퍼, style조선, 2015

반려식물 다이어리, 송현희, 홀리데이북스, 2021

선인장 인테리어, 하가네 나오유키, 넥서스, 2010

선인장도 말려죽이는 그대에게, 송한나, 책밥, 2020

쉽게 키우는 선인장과 다육식물 Cacti, 엠마 시블리, 북커스, 2019

쉽게 키우는 실내식물 House plant, 엠마 시블리, 북커스, 2019

실내에서 이끼 키우기, 이선희·박웅택·정혜원·이은정 공저, 플로라, 2020

실내원예, 방광자, 대원사, 1991

야생화 기르기, 코야마 유키오 외, 그린홈, 2008

올댓허브, 박선영, 궁리, 2018

우리나무 백과 사전, 서민환.이유미, 현암사, 2003

우리집 다육식물 키우기. 플로라편집부, 플로라, 2010

우리풀 백과 사전, 이유미. 서민환, 현암사, 2003

원예식물 이름의 어원과 학명 유래집, 유용권 외, 전남대출판부, 2006

원예학용어 및 작물명집, 한국원예학회, 2003

원예학원론, 김종천, 건국대출판부, 1997

잇츠그린. 주부의벗사지음, 황세정옮김, samho Media, 2014

정원가드닝을 위한 베란다 꽃밭, 이선영, 로그인, 2013

커피의 거의 모든 것, 하보숙·조미라, 열린세상, 2013

처음 만나는 에어플랜트, 요시하루 카시마, 북커스 2020

처음 하는 구근식물 가드닝, 마쓰다 유키히로, 한스미디어, 2019

초록향기 가득 반려식물 인테리어, 송현희, 홀리데이북스, 2019

플랜테리어의 시작, 수태볼 만들기, 코랄리 파커, 북커스, 2019